Yaşar Kasap

Türkiye Kömür Madenciliğinde Etkinlik ve Verimlilik Gelişimi: VZA

Yaşar Kasap

Türkiye Kömür Madenciliğinde Etkinlik ve Verimlilik Gelişimi: VZA

Türkiye Alim Kitapları

Impressum / Yayınevi adı
Bibliografische Information der Deutschen Nationalbibliothek: Die Deutsche Nationalbibliothek verzeichnet diese Publikation in der Deutschen Nationalbibliografie; detaillierte bibliografische Daten sind im Internet über http://dnb.d-nb.de abrufbar.

Deutsche Nationalbibliothek tarafından yayınlanan bibliyografik bilgiler: Deutsche Nationalbibliothek, bu yayını Deutsche Nationalbibliografie'de listeler; detaylı bibliyografik bilgi İnternet'te http://dnb.d-nb.de sitesinde mevcuttur.

Coverbild / Kitap kapağı resmi: www.ingimage.com

Verlag / Yayıncı:
Türkiye Alim Kitapları
ist ein Imprint der / yayınevinin bir ticari markasıdır
OmniScriptum GmbH & Co. KG
Heinrich-Böcking-Str. 6-8, 66121 Saarbrücken, Deutschland / Almanya
Email / E-posta: info@turkiye-alim-kitaplary.com

Herstellung: siehe letzte Seite /
Basım yeri: son sayfaya bakın
ISBN: 978-3-639-67174-2

Zugl. / Approved by: Eskişehir, Eskişehir Osmangazi Üniversitesi, 2008

ÖZET

Ülkelerin kalkınmasında ve toplumsal gelişiminde etkili olan enerji potansiyeli açısından olabildiğince bağımsız kalabilmenin anahtarı, kendi öz kaynaklarını geliştirmeleridir. Ülkemizde de enerjinin ana kaynağı olan kömürün üretiminin artırılabilmesi için mevcut rezervlerin verimlilik arttırıcı çalışmalarla optimum şekilde işletilmesi gerekmektedir.

Verimlilik artışı kaynakların etkin kullanımı ile sağlanabilmektedir. Etkinlik değerlendirmesinde birçok analiz geliştirilmesine rağmen sahip olduğu üstünlükler sebebiyle Veri Zarflama Analizi'nin (VZA) kullanılması uygun görülmüştür. Ayrıca verimlilik ve etkinlik gelişiminde kontrolümüz dışındaki faktörlerin de etkili olduğuna dikkat çekilerek Türkiye Kömür İşletmeleri (T.K.İ.) Kurumuna ait sekiz adet linyit işletmesinin etkinlikleri, kontrol edilemeyen faktörleri göz önünde bulunduran, Banker-Morey (1986) modeli ile Fried-Lovell (1996) ve Muniz (2002) modeli kullanılarak belirlenmiştir. Banker-Morey modeli, sadece belirlilik varsayımında analiz edilirken, Fried-Lovell ve Muniz modeli madencilik sektörünün içinde bir takım belirsizlikler barındırdığına dikkat çekilerek hem belirlilik varsayımında hem de risk ve belirsizlik ortamında incelenmiştir. Yapılan duyarlılık analizleri ile başarısız olan işletmelere önerilerde bulunulmuştur. Analizlerin temelini oluşturan doğrusal karar modellerinin çözümünde GAMS (General Algebraic Modeling System) paket programı kullanılmıştır.

Yapılan çalışmalar sonucunda; belirlilik varsayımında incelenen işletmelerin etkinlik ortalaması Banker ve Morey modelinde % 100, kontrol edilemeyen girdilerin oluşturduğu farklı koşulları dikkate alarak ünitelerin etkinlik değerlerini düzeltilmeye çalışan Fried-Lovell ve Muniz modelinde % 85,7 olarak bulunmuştur. Ayrıca bu modelin işletme etkinsizliklerinin kontrol edilemeyen faktörlerden mi, yoksa teknik etkinsizlikten mi kaynaklandığı konusunda ayrıntılı bilgi vermesi sebebi ile daha avantajlı olduğu belirlenmiştir.

Risk ve belirsizlik ortamında, kontrol edilemeyen parametrelerin olasılıklı değerleri Monte Carlo benzetim yöntemi ile belirlenmiştir. Elde edilen bu veriler Fried-Lovell ve Muniz modelinde değerlendirildiğinde % 86,5'lik etkinlik ortalaması ile sonuçların belirlilik varsayımında ulaşılan sonuçlardan çok da farklı olmadığı gözlenmiştir.

Başlıca enerji kaynaklarımızdan biri olan kömürün üretim miktarının verimlilik ve etkinlik analizleri sayesinde arttırılarak enerjide dışa bağımlılığımızın azaltılması konusuna yönelmemi sağlayan, çalışmalarım sırasında yapıcı eleştirileri ve olumlu katkıları ile beni yönlendiren Sayın Hocam Prof. Dr. Adnan KONUK'a sonsuz şükranlarımı sunarım.

Verimlilik ve etkinlik ölçümünde kullandığım modellerin temelini oluşturan doğrusal programlama konusunda bilgi ve görüşlerinden yararlandığım ikinci danışmanım Prof. Dr. Refail N. KASIMBEYLİ'ye teşekkürlerimi sunarım.

Analizlerde kullandığım verileri elde ettiğim yıllık faaliyet raporlarının hazırlanmasında emeği geçen Türkiye Kömür İşletmeleri Kurumu yetkililerine teşekkür ederim.

Bu çalışma süresince hiçbir fedakârlıktan kaçınmayan ve desteklerini esirgemeyen değerli eşim Murat KASAP'a ve aileme teşekkürlerimi sunarım.

İÇİNDEKİLER

İÇİNDEKİLER (devam)

Sayfa

İÇİNDEKİLER (devam)

İÇİNDEKİLER (devam)

İÇİNDEKİLER (devam)

BÖLÜM 1

GİRİŞ

Türkiye'de ve dünyanın diğer gelişmekte olan ülkelerinde nüfus artışına, sanayileşme ve teknolojik gelişmelere paralel olarak enerjiye olan talebin artışıyla birlikte kısır bir döngü içerisine de girilmektedir. Türkiye genel itibariyle az enerji tüketen bir ülke olmasına rağmen tükettiği az enerjiyi, verimli ve temiz bir şekilde kullanamamaktadır. Bu tablonun iyileştirebilmesi için; bir yandan ekonomisini hızla büyütmesi, diğer yandan da büyüyen kaynaklar vasıtasıyla da enerji arz ve tüketim sistemini daha verimli ve temiz bir yapıya dönüştürmesi gerekmektedir.

Öte yandan Türkiye, öz kaynaklarının yetersizliği nedeniyle dışa bağımlı bir ülkedir ve bu bağımlılık oranı giderek artmaktadır. Dolayısıyla, enerji ithalatına bağımlılığından kaynaklanan riskleri kontrol altında tutabilmek için; rekabet şansına sahip olabileceği enerji teknolojisi alanlarını dikkatli değerlendirerek çağdaş ürün katkılarıyla, uluslararası enerji pazarında etkin bir yer edinmek zorundadır (TÜBİTAK, 2003).

Ülkemizin kalkınmasında, enerji potansiyeli açısından olabildiğince bağımsız kalabilmenin ve çeşitlendirmeye gidebilmenin anahtarı, yıllardır ihmal edilen öz kaynaklarımızın geliştirilmesidir. Enerji taleplerini önemli ölçüde karşılayabilecek olan kömür, en yaygın doğal kaynak olarak ekonomik biçimde işletilebilmelidir. Bu çerçevede kömür sektöründe, rezervlerin optimum şekilde işletilip, enerjide dışa bağımlılığımızın azaltılması ve diğer enerji kaynaklarına iyi bir alternatif oluşturulabilmesi için verimlilik arttırıcı çalışmalara hız verilmesi gerekmektedir.

Verimlilik oranları; işletmelerdeki kaynak kullanım kararlarının alınmasında temel bir gösterge olarak kabul edildiği gibi üretim süreçlerinin kontrol edilip geliştirilmesinde ve de işletmeler arası karşılaştırmalarda kullanılabilmektedir. İşletmeleri yalnızca miktarsal olarak değerlendiren verimlilik ölçümleri, zaman zaman yerini kendinden daha geniş bir anlam ve içeriğe sahip olan etkinliğe bırakmaktadır. Verimlilik; etkinliğin başlıca öğelerinden sadece birisi olarak, çıktıların maksimizasyonunu etkinlikle birlikte sağlamaya çalışırken, etkinlik; bir işletmenin çıktılarını mümkün olan ekonomik ve siyasal bütün yollardan azamileştirmeyi amaçlamaktadır.

Günümüzde üretim amaçlı kullanılan birbirinden farklı kaynaklar, bu kaynakların kullanımı ile elde edilen farklı ürünler ve girdi-çıktı birimlerindeki farklılıklar verimliliğin değerlendirilmesini güçleştirdiğinden dolayı birçok ölçüm yöntemi geliştirilmiştir. Verimlilik ve etkinlik gibi ölçütleri de içerisinde bulunduran performans ölçümlerini gerçekleştirecek, standart biçime gelmiş güvenli ve geçerli ölçüm tekniklerinin bulunmayışı, hizmet kalitesi ve müşteri memnuniyeti gibi ölçümü zor faktörleri içeren hizmet sektöründe performans ölçümünün daha da güç olması ve analizlerde fonksiyonel form gerektirmemesi Veri Zarflama Analizinin (VZA) öne çıkmasına sebep olmuştur

İlk olarak Charnes, Cooper ve Rhodes tarafından geliştirilen (CCR Modeli) VZA, çok faktörlü ve homojen yapıdaki karar verme birimlerini (işletmeler) birbirleriyle kıyaslayarak göreceli olarak etkinlik değerlerini hesaplayan bir ölçüm tekniğidir. Geliştirildiği tarihten itibaren yeni ve değişen ihtiyaçlara karşılık olarak birçok yeni modeli türetilmiştir.

Etkinlik analizinde yaygın bir şekilde kullanılan standart VZA, belirlenen ünitelerin homojen olduğunu kabul etmektedir. Oysaki homojen kabul edilen ortamlar çoğu kez bozulmakta ve analizlerde kullanılan faktörler farklı ortamlar gerektirmektedir. Karar Verme Birimlerinin (KVB) kontrolü dışında olan ve etkinlik skorunu etkileyen bu faktörlere kontrol edilemeyen faktörler denilmektedir. Kontrol edilemeyen faktörlerin dikkate alındığı etkinlik ölçümlerinde; üretici etkinliği ve üretim prosesinin uygulanma koşulları olmak üzere iki temel etki ayrılarak, doğru yorumlama yapılabilmektedir.

Kontrol edilemeyen faktörlerin dikkate alındığı modeller tek aşamalı ve çok aşamalı olmak üzere ikiye ayrılmaktadır. Bu faktörlerin ilk olarak incelendiği tek aşamalı Banker ve Morey (1986a) modelinin ışığında yine tek aşamalı Gollany ve Roll (1993), Ruggiero (1996), Maital ve Vanisky (2001), Yang ve Paradi (2003) ve çok aşamalı Ray (1991), Ruggiero (1998), Fried-Lovell (1996) ve Muniz (2002).modelleri geliştirilmiştir (Muniz et al., 2006).

Literatürde; madencilik sektöründeki verimlilik ve etkinliğin VZA ile ölçüldüğü çalışmalara çok az rastlanmaktadır. İncelenen çalışmaların hiçbirinde kontrol edilemeyen faktörlerin ciddi anlamda dikkate alınmadığı gözlenmiştir. Bu anlamda yaptığımız tez çalışması ilk olma özelliği taşımaktadır. Aşağıdaki bölümde sözü edilen çalışmalar hakkında kısa bilgiler verilmiştir.

Kulshreshtha ve Parikh (2002), 1985-1997 yılları arasındaki süreçte Hindistan yeraltı ve açık işletme kömür madenciliğine ait 30 bölgedeki maden makinelerinin yıllık verilerini kullanarak, verimlilik ve etkinliği VZA ile ölçmeye çalışmışlardır. Sonuç olarak bu çalışma ile Hindistan açık işletme madenciliğindeki verimlilik artışının, yeraltı madenciliğinden daha fazla olduğu yaygın fikri çürütülmüştür. Yapılan çalışmada kontrol edilemeyen faktörler dikkate alınmaya çalışılmış fakat Banker ve Morey (1986) tarafından geliştirilen tek aşamalı modelin kullanılması sebebiyle kontrol edilemeyen girdiler hakkında ayrıntılı bilgi edinilememiştir.

Thompson ve arkadaşları (1995) geliştirdikleri teorilerinde Veri zarflama analizi kullanılarak incelenen karlılık oranları ve teknik etkinliğin ayrı ayrı ele alınması gerektiğini ortaya koymuşlardır. Bu konu Illinois kömür maden verileri kullanılarak ispatlanmıştır. Sonuç olarak VZA teknik etkenliğinin, VZA maksimum kar oranını beraberinde getirmediği ve tam tersi olarak da VZA maksimum kar oranının, VZA teknik etkinliğini beraberinde ispatlanmıştır.

Byrnes ve arkadaşları (1988) ABD kömür madenciliği verimliliğini iki analitik teknik olan matematiksel programlama ve regresyon analizi ile incelemişlerdir. Parametrik olmayan matematiksel programlamanın, teknik etkinlik ve ölçek etkinliği gibi ayırımlara müsaade ettiği ifade edilerek yöneticilere yol gösterici olması açısından diğer yöntemden daha üstün olduğu ispatlanmıştır.

Byrnes ve Fare 1987 yılında ABD'nin açık işletme kömür madenlerinin göreli etkinliğini incelemişlerdir. Parametrik ve stokastik olmayan bir metodu 186 gözlem kümesine uygulamış ve her bir firmanın etkinliği parçalı doğrusal teknoloji ile göreceli olarak hesaplanarak ve etkinsizliğin kaynakları tanımlanmıştır.

Bu çalışmanın amacı; kontrol edilemeyen ve bir takım belirsizlikler içeren faktörleri de dikkate alarak, işletmelerin mevcut kaynaklarını ne derece etkin kullandıklarını, mevcut kaynaklarını en etkin değerlendirme konusunda hangi işletmelerin diğerlerine göre daha başarılı bir performans sergilediklerini belirlemek ve başarısız olan işletmelere önerilerde bulunabilmektir. Madencilik sektöründe böyle bir çalışmanın bu güne kadar yapılmamış olması, ülkemiz kömür madenciliğindeki işletmelerin etkinlik ve verimlilik gelişmelerinin VZA ile incelendiği bu çalışmaya ilk olma özelliği kazandırmaktadır.

Tez çalışmasının giriş bölümünden sonra ikinci aşamada dünyada ve ülkemizdeki kömür sektörünün gelişimi hakkında güncel bilgiler aktarılmıştır. Üçüncü bölümde çalışmada analizin temelini oluşturan verimlilik ve etkinlik kavramları tanıtılmış. Dördüncü bölümde verimlilik yaklaşımında kullanılan tekniklerden VZA'nın gelişimi, uygulanışı, türetilen farklı modelleri ve tezin odak noktasını oluşturan kontrol edilemeyen faktörlerin kullanıldığı VZA modelleri hakkında bilgi verilmiştir. Beşinci bölümde kontrol edilemeyen değişkenleri göz önünde bulundurarak geliştirilen Banker-Morey (1986a) ile Fried-Lovell (1996) ve Muniz (2002) modelleri açıklanmıştır. Altıncı bölümde ise madencilik sektörünün içerisinde barındırdığı belirsizlikler ve kontrol edilemeyen faktörler dikkate alınarak Türkiye Kömür İşletmelerine bağlı linyit işletmelerinin verimlilik ve etkinlik değerleri incelenmiştir. Değerlendirmelerde tek aşamalı Banker-Morey modeli belirlilik varsayımında, teknik etkinsizlik ve kontrol edilemeyen faktörlerden kaynaklanan etkinsizliği ayırt etmeyi sağlayan, son yıllarda geliştirilmiş üç aşamalı Fried-Lovell ve Muniz modeli ise belirlilik varsayımı ile risk ve belirsizlik ortamında incelenmiştir. Analizler sonucunda belirlilik varsayımı ile risk ve belirsizlik ortamındaki modeller kendi aralarında değerlendirildiklerinde, sonuçlar arasındaki faklılığın çokta büyük olmadığı belirlenmiştir. Söz konusu iki model karşılaştırıldığında da Fried-Lovell ve Muniz modelinin işletmelerin etkinlik değerleri üzerinde kontrol edilemeyen faktörler ile teknik etkinsizlikten kaynaklanan olumsuzlukları ayırabilmesi sebebiyle daha üstün olduğu sonucuna ulaşılmıştır. İşletme yöneticilerinin ileriye yönelik doğru kararlar verebilmeleri için etkinsizlik değerlerini doğru tespit edebilmeleri gerekmektedir. Elde edilen sonuçlara göre etkinsiz işletmelerin, etkinlik indekslerini yükseltmeleri için nasıl bir yol izlemeleri gerektiği konusunda önerilerde bulunulmuştur.

BÖLÜM 2

KÖMÜR SEKTÖRÜ

Kömür, fosil bir yakıttır ve yanabilen, sedimanter organik bir kayaçtır. Başlıca karbon, hidrojen ve oksijen elementlerini içerir. Kullanım alanları ağırlıklı olarak elektrik üretimi, demir-çelik sanayi, çimento sektörü, ısınma ve diğer endüstri tesisleridir. Diğer önemli kömür kullanıcıları alümina rafinerileri, kâğıt fabrikaları, kimya ve ilaç fabrikalarıdır. Birçok kimyasal madde kömürün yan ürünlerinden elde edilmektedir. Rafine kömür katranı kreozet[1] yağı, naftalin, fenol ve benzen gibi kimyasalların üretiminde kullanılmaktadır. Kok fırınlarından elde edilen amonyak gazı amonyak tuzları, nitrik asit ve tarımsal gübre üretiminde kullanılmaktadır. Binlerce değişik ürün, kömür ve kömür yan ürünlerini içerir; sabun, aspirinler, solventler, boyalar, plastik ve fiberler örneğin rayon[2] ve naylon vb. Kömür ayrıca özel ürünlerin üretiminde gerekli bir katkı maddesidir; aktif karbon, karbon fiber, silikon metal çeşitleri bunlara örnektir (DPT, 2006).

Tüm bu kullanım alanlarının yanı sıra nükleer enerji dışındaki enerji kaynaklarını oluşturan ham petrol ve doğalgaz vb. rezervleri içerisinde kömür (linyit ve taşkömürü), % 70'lik bir payla geleceğin enerji kaynağı olarak görülmektedir. Bugünkü tüketim seviyeleri ile dünya petrol rezervlerinin 40 yıl, doğalgaz rezervlerinin 60 yıl ve kömür rezervlerinin ise 200 yılda tükeneceği tahmin edilmektedir. Bu karşılaştırma sadece günümüz teknolojileri kullanılarak ekonomik olarak işletilebilecek mevcut kömür rezervlerini kapsamaktadır. Teknolojik

---

[1] Kayın ağacı katranından veya 240-270 C°'de damıtılan kömür katranından çıkarılan ve ahşap için koruyucu olarak kullanılan renksiz, sert kokulu bir yağ.

[2] Başlangıç malzemesi odun hamuru veya pamuk linterinin (pamuk çekirdeği lifçikleri) fiziksel olarak değiştirildiği veya tekrar yapılandırıldığı suni selülozik bir elyaftır.

gelişmeler ile şu an ekonomik olarak işletilemeyen rezervlerin işletilebileceği ve mevcut rezervlerin arama faaliyetleri sonucu daha da artabileceği düşünüldüğünde kömür çok daha uzun süre tüketime sunulabilecektir (www.mmoistanbul.org; DPT, 2006).

Kömür üretimi sermaye ve emek-yoğun bir madencilik türü olmasına rağmen piyasa koşulları ve teknolojideki yenilikler, kömür üretim maliyetlerinin son 30 yıl boyunca istikrarlı gitmesini sağlamıştır.

Dünyada üretilen kömürün yaklaşık %60'ı elektrik enerjisi üretiminde kullanılmaktadır ve bu oranın önümüzdeki 10-15 yıl içerisinde değişmemesi veya bir miktar artması beklenmektedir. Demir-çelik sanayinde kullanılan kömür miktarı toplam üretimin yaklaşık %13'üdür. Çelik üretiminin %70'i kömüre (metalurjik kok) bağımlı olup, 1 ton çelik üretimi için 630 kg kok kömürü tüketilmektedir (DPT, 2001).

Ülkemizdeki taşkömürü ve linyit rezervleri toplamı 9.504 milyon tondur. Ülkemizde toplam enerji arzında kömürün payı 2004 yılında % 24,71 olarak gerçekleşmiş ve toplam elektrik üretiminin ise % 22,7 lik kısmı kömüre dayalı santrallerde üretilmiştir. Bu oranlar, gelişmiş ve yerli kömür kaynaklarına sahip ülkelerin birincil enerji üretim-tüketimi ve elektrik üretimlerinde kömürün payı ile kıyaslandığında düşük seviyededir. Arz güvenliği ve depolanmasının kolay olması, maliyet avantajı yönünden kömüre dayalı elektrik üretimine ağırlık verilmesi ve ısınma amaçlı olarak da yerli kömür tüketiminin artırılmasına yönelik çalışmaların hızlandırılması, ülkemiz ekonomisine sağlayacağı katkılardan dolayı büyük önem arz etmektedir (DPT, 2006).

Yukarıda belirtilen sebepler doğrultusunda kömür, birçok ülkede madencilik çalışmalarının en önemli ürünü olmasının yanı sıra, birincil enerji kaynakları içerisinde de ilk sıralarda yer almaktadır.

2.1. Dünyada Mevcut Durum

Dünya toplam birincil enerji tüketimi, 2004 yılında 10.224,4 milyon ton petrol eşdeğeri olarak gerçekleşmiştir. Toplam tüketimin kaynaklara göre dağılımında % 36,78 ile petrol ilk sırada yer almaktadır. Daha sonra % 27,17 ile kömür ve % 23,67 ile doğalgaz sıralanmaktadır. Çizelge 2.1'de dünya birincil enerji tüketimleri verilmektedir (DTP, 2006).

Dünya fosil yakıt rezervlerinin bölgeler ve çeşitleri itibari ile dağılımı Çizelge 2.2'de verilmiştir. Dünya petrol rezervleri toplamının 161,9 milyar ton, doğal gaz rezervlerinin ise 179,53 trilyon m^3 olduğu belirtilmektedir (DTP, 2006).

Çizelge 2.1 Dünya birincil enerji tüketimleri (mtep) (BP, 2007)

Birincil Enerji Kaynağı	2005 Yılı Tüketimi	2006 Yılı Tüketimi
Petrol	3.861,3	3.889,8
Doğalgaz	2.512,2	2.574,9
Kömür	2.957,0	3.090,1
Nükleer Enerji	627,0	635,5
Hidro-Elektrik	666,6	688,1
Toplam	10.624,0	10.878,5

Çizelge 2.2 Dünya fosil yakıt rezervleri (2006 yılı sonu) (BP, 2007)

Bölge	Petrol Milyar Ton	Doğalgaz Trilyon m^3	Kömür Milyar Ton	
			Taşkömürü	Linyit
Kuzey Amerika	7,7	7,98	115,67	138,76
Orta ve Güney Amerika	14,8	6,88	7,70	12,19
Avrupa ve Avrasya	19,6	64,13	112,25	174,84
Eski SSCB Ülkeleri	17,8	58,11	94,51	132,74
Ortadoğu	101,2	73,47	0,42	0,00
Afrika	15,5	14,18	50,16	0,17
Asya ve Pasifik	5,4	14,82	192,56	104,32
TOPLAM DÜNYA	164,3	181,46	478,77	430,29

Rezerv miktarının çokluğu, kömürün uzun vadeli yeterliliğini beraberinde getirmektedir. Mevcut üretim seviyeleri ile, dünya görünür kömür rezervlerinin 200 yılı aşkın bir sürede tüketileceği tahmin edilmektedir. Buna karşılık görünür petrol ve doğal gaz rezervlerinin tükenme ömürlerinin mevcut üretim seviyeleri ile sırasıyla 40 ve 60 yıl süreceği tahmin edilmektedir. Bölgeler itibari ile 2006 yılına ait fosil yakıtların tükenme ömürleri Çizelge 2.3'de verilmiştir (DTP, 2006; BP, 2007).

2004 yılında yaklaşık 2,7 milyar tep olan Dünya toplam kömür üretiminin % 36,2'si Çin, % 20,8'i ABD, % 7,3'ü Avustralya, % 6,9'u Hindistan, % 5'i ise Güney Afrika tarafından gerçekleştirilmiştir. Ülkemizin Dünya toplam kömür üretimi içindeki payı ise, 10,2 milyon tep üretim miktarı ile % 0,4'tür (DTP, 2006).

Çizelge 2.3 Fosil yakıtların tükenme ömürleri (Yıl) (BP, 2007).

Bölge	Petrol	Doğalgaz	Kömür
Kuzey Amerika	12	10,6	226
Orta ve Güney Amerika	41,2	47,6	246
Avrupa ve Avrasya	22,5	59,8	237
Eski SSCB Ülkeleri	28,6	74,6	464
Ortadoğu	72,5	>100	381
Afrika	32,1	78,6	192
Asya ve Pasifik	14	39,3	85
TOPLAM DÜNYA	40,5	63,3	147

Uluslararası Enerji Ajansı (UEA) verilerine göre 2003 yılında dünya toplam kömür üretimi 4.923,9 milyon ton olarak gerçekleşmiştir. Bu üretimin 4.037,5 milyon tonu taşkömürü, 886,4 milyon tonu linyitten oluşmaktadır. En yüksek linyit üretimi 179,1 milyon ton ile Almanya'da yapılmıştır. Almanya'yı, 78,4 milyon ton ile ABD ve Rusya, 68,3 milyon ton ile Yunanistan, 64,6 milyon ton ile Avustralya ve 60,9 milyon ton ile Polonya izlemektedir.

Dünyada üretilen linyitin büyük bir kısmı elektrik enerjisi ve ısı üretimi amaçlı olarak tüketilmektedir. Ayrıca bazı sanayi sektörlerinde, konut, ticari ve kamu hizmetlerinde de kullanılmaktadır.

2.2. Ülkemizde Mevcut Durum

Ülkemizde linyit kömürü ağırlıklı olarak elektrik üretiminde ve ısı üretimi amaçlı olarak teshin ve sanayide kullanılmaktadır. Kullanım alanı olarak birincil enerji kaynaklarından olduğundan, linyit sektörünün ülkemizdeki mevcut durumunun öncelikli olarak ülke birincil enerji üretim ve tüketimi bazında değerlendirilmesi gerekmektedir.

Ülkemizde 2004 yılında toplam birincil enerji arzı 87,58 milyon ton petrol eşdeğeri olarak gerçekleşmiştir. Bu arzın kaynaklara göre dağılımına bakıldığında; 32.922 bin tep ile petrol (% 37,6) ilk sırayı alırken, 29.190 bin tep ile katı yakıtlar (% 33,3), 20.292 bin tep ile doğalgaz (% 23,2) sıralanmaktadır. Katı yakıtlar içerisinde yeralan taşkömürü arzı 11.803 bin tep (% 13,47)ve linyit arzı 9.841 bin tep (% 11,23) olarak gerçekleşmiştir. Taşkömürü arzı içindeki yerli üretim 1.011 bin tep (1.881 bin ton) ve ithalat 10.506 bin tep'dir (16.427 bin ton). Yerli linyit üretimi 9.276 bin tep (43.709 bin ton) olmuştur (DTP, 2006).

Türkiye genel kömür rezervleri özellikle linyit rezervleri açısından zengin olarak nitelendirilebilecek bir ülkedir. 2006 yılı verileri itibariyle Türkiye'de linyit rezervinin 9,2 milyar ton olduğu belirlenmiştir. Yıllık mevcut 60-65 milyon ton üretim seviyesi ile rezervlerin Türkiye'ye yaklaşık 160 yıl yeteceği söylenebilir. Ülkemizin bilinen taşkömürü rezervi ise, 1,3 milyar ton civarındadır. Bu rakamlar da göstermektedir ki, dünya genelinde yapılan "kömür bilinen birincil enerji kaynakları içinde en uzun ömürlü enerji kaynağıdır" saptaması Türkiye için de geçerlidir (DPT, 2006; www.taskomuru.gov.tr/index.php; www.mta.gov.tr/mta/enerji/coal/coal.htm).

2004 yılı verilerine göre Türkiye kömür rezervleri Çizelge 2.4'te gösterilmektedir. Çizelgeden de görülebileceği gibi ülkemizde taşkömürü ve linyit olmak üzere başlıca iki kömür rezervi vardır. Ülkemizin en büyük taşkömürü havzası Batı Karadeniz bölgesinde yer almaktadır. Zonguldak taşkömürü havzası, yaklaşık 200 km'lik bir kuşakta bulunmaktadır. 11.150 km^2'si karada, 2.200 km^2'si de denizde olmak üzere 13.350 km^2'lik bir alanı kapsamaktadır. Bunun dışında küçük rezervli diğer taşkömürü yataklarımız Diyarbakır Hazro ve Antalya Kemer yöresindedir (www.taskomuru.com/taskomuru.html).

Çizelge 2.4 Türkiye kömür rezervleri (MERN, 2005)

Rezervler	Görünür	Muhtemel	Mümkün	Toplam	
	[3]Mt	Mt	Mt	Mt	%
Taşkömürü	428	456	245	1.129	10.33
Linyit					
Elbistan Bölgesi	3.357	-	-	3.357	30.72
Diğer	3.982	626	110	4.718	43.17
Toplam	7339	626	110	[4]8.075	73.89
Asfaltit	45	29	8	82	0.75
Bitümlü Şist	555	1.086	-	1.641	15.01
TOPLAM	8.367	2.197	363	10.927	100.0

Taşkömürü, ağırlıklı olarak Türkiye Taşkömürü Kurumu (T.T.K.) tarafından üretilmekte olup, gerek fiziksel koşulların zorluğu, gerekse diğer idari ve finansal sorunlar nedeniyle, T.T.K.'da istenen üretim düzeyine ulaşılamamaktadır. Üretilen taşkömürü demir-çelik endüstrisinin yanı sıra, ağırlıklı olarak elektrik üretimi ve kısmen de sanayi ve teshinde tüketilmektedir. Taşkömürü rezervlerinin tamamı kamu sektörüne ait olduğu halde son yıllarda rödovans uygulamaları ile üretimin yaklaşık % 10'u özel sektör tarafından gerçekleştirilmektedir (www.maden.org.tr).

Ülkemiz linyit kömürü kaynaklarına Trakya ve Anadolu'nun hemen hemen her yerinde rastlanmaktadır. Nallıhan, Göynük, Orhaneli, Seyitömer, Tunçbilek, Soma, Çan, Saray, Milas, Yatağan, Beyşehir, Ilgın, Dodurga, Sorgun, Kangal, Elbistan,

---

[3] Elde edilen rezervi de içine alır.

[4] Tanımlanan 300 Mt (Milyon ton) potansiyel kaynağın ilavesiyle 8.375' ulaşır.

Gölbaşı, Karlıova ve Horasan ülkemizdeki linyit kömürlerinin olduğu başıca yerlerdir. Linyit rezervlerimizin bölgelere göre dağılımı Çizelge 2.5'te verilmektedir.

Linyit rezervlerinin % 74'ü kamu sektörünün, kalan % 26'sı özel sektörün olup linyit üretiminin % 90'ı kamu sektörü, % 10'u özel sektör tarafından yapılmaktadır. Türkiye Kömür İşletmeleri Kurumu (T.K.İ.) ülkemizdeki linyit üretiminin % 70'ini gerçekleştirmektedir. Geriye kalan yüzde 30'luk üretim ise, ya özel sektör işletmeleri ya da T.K.İ. 'de son dönemde özelleştirme sürecinin bir parçası olarak yaygınlaştırılan firmalarca (Orta Anadolu ve Garp Linyitleri İşletmelerindeki Park Teknik vb. gibi) işletilmektedir. Ancak, linyit sektöründeki özel sektör işletmeciliği, aşağıda belirtilen ithalat politikaları, genel olarak maden sektörünün özel sektörün kısa vadede çok kar mantığı ile işletme anlayışına uygun bir sektör olmaması gibi nedenlerle, özellikle 1990'lı yıllarda pek çok işletmenin kapanması nedeniyle bitme noktasına gelmiştir (DPT, 2006; www.mmoistanbul.org).

Çizelge 2.5 Türkiye linyit rezervinin bölgelere göre dağılımı (MENR, 2005)

Bölgeler	Toplam Rezerv (Mt)	%
Marmara	825	9,85
Karadeniz	215	2,57
İç Anadolu	1.325	15,82
Güneydoğu Anadolu	53	0,63
Ege	2.014	24,05
Doğu Anadolu	3.580	42,75
Akdeniz	363	4,33
Toplam	8.375	100

T.K.İ.'nin ürettiği linyit kömürünün yüzde 77'si termik santralde, elektrik üretimi için kullanılmaktadır. Geriye kalan yüzde 23'lük bölümü ise, sanayi ve ısınma amaçlı kullanılmaktadır. Bu çerçeveden bakıldığında, ülkemiz açısından linyit kömürü, 150 yılı aşan ömrü, planlanan kadar üretilebilme olanağına sahip olunması ve en önemlisi yerli, öz bir kaynak oluşu dolayısıyla günümüzde ve gelecekte ülkemizin elektrik üretiminde su kaynakları ile birlikte en önemli kaynağını oluşturmaktadır. Ayrıca ülkemizin ürettiği elektriğin yaklaşık yüzde 30'luk bölümü linyit ile çalışan termik santrallerinden üretilmektedir. Linyit kömürü ile çalışan termik santrallere örnek olarak Afşin-Elbistan, Soma A ve B, Seyitömer, Tunçbilek A-B, Kemerköy, Yatağan, Yeniköy, Çayırhan, Orhaneli, Çan termik santralleri sayılabilir (www.mmoistanbul.org).

2.3. Türkiye Kömür İşletmeleri Kurumu (T.K.İ.)

Türkiye Kömür İşletmeleri Kurumu (T.K.İ.); tüzel kişiliği olan, faaliyetlerinde özerk ve sorumluluğu sermayesiyle sınırlı bir İktisadi Devlet Teşekkülüdür.

Kurumun amacı; devletin genel enerji ve yakıt politikasına uygun olarak linyit, turp bitümlü şist, asfaltit gibi enerji hammaddelerini değerlendirmek, ülkenin ihtiyaçlarını karşılamak, yurt ekonomisine azami katkıda bulunmak, plan ve programlar tanzim etmek, takip etmek, uygulama stratejilerini tespit etmek ve gerçekleşmesini sağlamaktır. Ana hedefleri ise; üretimi artırmak, kömür kalitesini iyileştirme çalışmaları yapmak ve kömür üretim maliyetlerini en aza indirmektir.

Üretimlerini tamamen termik santraller ile ısınma ve sanayinin talebine bağlı olarak gerçekleştiren T.K.İ. Kurumu ülkemizin en büyük linyit üreticisi durumundadır. Halen, T.K.İ.'nin gerçekleştirdiği projelerle kömür ihtiyacı karşılanan termik santrallerin üretim kapasiteleri, ülkemizin toplam elektrik üretim kapasitesinin yaklaşık % 21'ini oluşturmaktadır.

T.K.İ. Kurumu Ankara'da bulunan Genel Müdürlük Merkez Teşkilatı ve taşrada 4 Müessese Müdürlüğü, 4 İşletme Müdürlüğü, 1 Kontrol Müdürlüğü ve 3 Kontrol Başmühendisliği ile faaliyetlerini sürdürmektedir.

Kurum sorumluluğunda 87 adet linyit, 2 adet asfaltit ve 3 adet bitümlü şist olmak üzere toplam 92 adet ruhsatlı saha bulunmakta olup bu sahalarda 2005 yılı itibariyle toplam 2.468.256.000 ton linyit, ve asfaltit rezervi tespit edilmiştir. Kuruma ait ruhsatlı sahalarda kömür arama çalışmalarına 2005 yılından itibaren yeniden hız verilmiştir.

Kuruma bağlı işletmelerde kömür üretimi açık ocak ve yeraltı ocaklarından yapılmaktadır. 2004 yılında işletmelerde üretilen kömürün % 95'lik kısmı açık ocaklardan üretilmekte iken 2005 yılında bu oran % 85'lere, 2006 yılında ise % 75'lere inmiştir. Açık ocaklarda üretim örtü kazı (Dekapaj) ve kömür kazı olmak üzere iki aşamada gerçekleştirilir. Kömür üretiminin önemli bir kısmını kapsayan dekapaj işi işletmelerin kendi imkanları ve ihale yolu ile müteahhit firmalar tarafından yapılmaktadır (DPT, 2006).

Aşağıdaki bölümde, tez çalışmasında dikkate alınan 4 adet müessese müdürlüğü ile 4 adet işletme müdürlüğü hakkında ayrıntılı bilgi verilmiştir. Yapılan çalışmada bu işletmeler, anlaşılabilirlik açısından merkezlerinin bulunduğu ilçelere göre (Soma, Çan, Yatağan, Milas, Tavşanlı, Ilgın, Seyitömer, Orhaneli) isimlendirilmişlerdir.

T.K.İ. 'ye bağlı Müessese ve İşletmeler;

E.L.İ.	Ege Linyitleri İşletmesi Müessese Müd.	SOMA / MANİSA
Ç.L.İ.	Çan Linyitleri İşletmesi Müdürlüğü	ÇAN / ÇANAKKALE
G.E.L.İ.	Güney Ege Linyitleri İşletmesi Müessese Müd.	YATAĞAN / MUĞLA
Y.L.İ.	Yeniköy Linyitleri İşletmesi Müdürlüğü	MİLAS / MUĞLA
G.L.İ.	Garp Linyitleri İşletmesi Müessese Müd.	TAVŞANLI / KÜTAHYA
I.L.İ.	Ilgın Linyitleri İşletmesi Müdürlüğü	ILGIN / KONYA
S.L.İ.	Seyitömer Linyitleri İşletmesi Müessese Müd.	SEYİTÖMER/KÜTAHYA
B.L.İ.	Bursa Linyitleri İşletmesi Müdürlüğü	ORHANELİ / BURSA
	Silopi Kontrol Müdürlüğü	SİLOPİ / ŞIRNAK
	Saray Kontrol Başmühendisliği	SARAY / TEKİRDAĞ
	Göynük Kontrol Başmühendisliği	GÖYNÜK / BOLU
	Dodurga Kontrol Başmühendisliği	DODURGA / ÇORUM

2.3.1. Ege Linyitleri İşletmesi (E.L.İ.)

1939 yılından 1978 yılına kadar Garp Linyitleri'ne bağlı olarak faaliyette bulunmuştur. 1978 yılından sonra Garp Linyitleri'nden ayrılarak 1995 yılına kadar Müessese olarak, daha sonra ise sırasıyla; Bölge Müdürlüğü, İşletme Müdürlüğü ve en son olarak da Nisan 2004'te yeniden müessese tüzel kişiliği verilen T.K.İ. 'nin bu en büyük işletmesinin merkezi Soma'da olup, Manisa'ya 90 km mesafededir.

İşletme, ruhsatı T.K.İ.'ye ait, yaklaşık 20,6 bin hektarlık alanı kapsayan Soma, Deniş ve Eynez sahalarında üretim çalışmalarını sürdürmektedir (Şekil 2.1).

Bu alanda, alt ısıl değeri 2070-3340 kcal/kg olan ve yaklaşık % 65'i yeraltı işletmeciliği ile alınabilecek toplam 624 milyon ton linyit rezervi bulunmaktadır.

Şekil 2.1 Ege Linyitleri İşletmesi

İşletmenin yıllık proje üretim kapasitesi, 10 milyon ton düzeyindedir. 1034 MW gücündeki Soma Termik Santrallerine yakıt temin etmekte ve halen satışlarının % 37'si olmak üzere piyasa (sanayi ve ısınma sektörü) talebini karşılamaktadır.

Ayrıca, satış öncesi kömür kalitelerini iyileştirmek amacıyla Soma'da kömür ayıklama ve lavvar tesisleri bulunmaktadır.

Üretimin yaklaşık % 95-98'inin yapıldığı açık ocak üretim çalışmalarında ekskavatör ve maden kamyonu gibi büyük kapasiteli iş makinaları kullanılmaktadır. Ayrıca, üretimin yaklaşık % 2-5'i yeraltı işletmeciliği yöntemiyle yapılmakta iken, son yıllarda artan rödovans karşılığı üretim ve müteahhit üretimi payı ile bu oran 2006 yılında % 35'e çıkarılmıştır. Bu oranın daha da artırılması yönünde etüt ve proje çalışmaları devam etmektedir.

2000-2006 dönemi; 1 ton kömür için ortalama 8,5 m^3 olmak üzere yıllık ortalama 73,4 milyon m^3 dekapaj yapılmış olup, bunun % 59'u ihale ile yaptırılmıştır (T.K.İ., 2006).

2.3.2. Çan Linyitleri İşletmesi (Ç.L.İ.)

T.K.İ.'ye bağlandığı 1979 yılına kadar özel teşebbüs tarafından işletilmiştir. O yıldan sonra 1990 yılına kadar Marmara Linyitleri İşletmesi Müessesesi'nin bağlı bir bölgesi olarak faaliyetlerini sürdürmüştür. Sonraki yıllarda sırasıyla; Müessese Müdürlüğü, Bölge Müdürlüğü ve İşletme Müdürlüğü olarak faaliyetlerini sürdürmüş, en son olarak da Nisan 20042te İşletme Müdürlüğü olarak Ege Linyitleri İşletmesi Müessesesi'ne bağlanmıştır. İşletmenin merkezi Çan'a 1 km, Çanakkale'ye 76 km mesafededir.

İşletme, ruhsatı T.K.İ. 'ye ait, yaklaşık 2,4 bin hektarlık alanı kapsayan Çan linyit sahasında üretim çalışmalarını sürdürmektedir (Şekil 2.2).

Bu alanda, alt ısıl değeri 3.000 kcal/kg olan ve tamamı açık ocak işletmeciliği ile alınabilecek toplam 86 milyon ton linyit rezervi bulunmaktadır.

İşletmenin yıllık üretim kapasitesi 2,3 milyon ton olarak projelendirilmiştir. 2004 yılında tamamlanarak çalışmalarına başlanılan 2x160 MW gücündeki akışkan yataklı Çan Termik Santrali'nin kömür ihtiyacı bu işletmeden karşılanmaktadır.

Halen satışlarının yaklaşık % 30'u ile piyasa (sanayi ve ısınma sektörü) talebini karşılamaktadır.

Üretimlerin tamamı açık ocak işletmeciliği yöntemiyle yapılmakta, üretim çalışmalarında ekskavatör ve maden kamyonu gibi büyük kapasiteli maden makineleri kullanılmaktadır.

Şekil 2.2 Çan Linyitleri İşletmesi

Çan Tevsii Projesiyle, yıllık 1 ton kömür için ortalama 12 m^3'lük dekapaj yapılması hesaplanmıştır. Yine, yaklaşık yarısı müteahhit eliyle olmak üzere yıllık 27 milyon m^3 dekapaj yapılması öngörülmektedir. 2000-2006 dönemi; 1 ton kömür için ortalama 37,2 m^3 dekapaj yapılan İşletmede, ihale ile yaptırılan dekapaj oranı ise % 68 olmuştur.

2.3.3. Güney Ege Linyitleri İşletmesi (G.E.L.İ.)

1983 yılına kadar Ege Linyitleri İşletmesi Müessesesi'nin bağlı bir bölgesi iken, o yıldan itibaren ayrılarak 1995 yılına kadar Müessese olarak faaliyetlerini sürdürmüştür. Daha sonra ise sırasıyla; Bölge Müdürlüğü ve İşletme Müdürlüğü'ne dönüştürülmüş, en son olarak da Nisan 2004'te yeniden müessese tüzel kişiliği verilen bu İşletmenin merkezi Yatağan'a 8 km mesafededir.

İşletme, ruhsatı T.K.İ.'ye ait, yaklaşık 14,1 bin hektarlık alanda yer alan Tınaz, Bağyaka ve Eskihisar bölümlerinde üretim çalışmalarını sürdürmektedir (Şekil 2.3).

Bu alanda, alt ısıl değeri 1790-2670 kcal/kg olan yaklaşık % 54'ü yeraltı işletmeciliği ile alınabilecek toplam 145 milyon ton linyit rezervi bulunmaktadır.

Şekil 2.3 Güney Ege Linyitleri İşletmesi

Yıllık proje üretim kapasitesi, 5,4 milyon ton düzeyindedir. 3x210 MW gücündeki Yatağan Termik Santraline yakıt temin etmekte ve halen satışlarının tamamına yakını (%99'u) termik santrallere olmak üzere, piyasa (sanayi ve ısınma sektörü) talebini karşılamaktadır.

Üretimlerin tamamı açık ocak işletmeciliği yöntemiyle yapılmakta, üretim çalışmalarında dragline, ekskavatör ve maden kamyonu gibi büyük kapasiteli iş makinaları kullanılmaktadır.

2000-2006 dönemi; 1 ton kömür için ortalama 5,2 m^3 olmak üzere yıllık ortalama 20,8 milyon m^3 dekapaj yapılmış olup, bunun % 44'ü ihale ile yaptırılmıştır..

2.3.4. Yeniköy Linyitleri İşletmesi (Y.L.İ.)

1984 yılından 1993 yılına kadar "Milas İstihsal Başmühendisliği" olarak Güney Ege Linyitleri İşletmesi Müessesesi'ne bağlı iken o yıldan itibaren ayrılarak İşletme

Müdürlüğü olarak, sonraki yıllarda ise sırasıyla; Bölge Müdürlüğü ve yeniden İşletme Müdürlüğü olarak faaliyetlerini sürdürmüştür. En son olarak da Nisan 2004'te Güney Ege Linyitleri İşletmesi Müessesesi'ne bağlanan bu İşletmenin merkezi Milas'a 23 km mesafededir.

İşletme, ruhsatı T.K.İ. 'ye ait, yaklaşık 19,8 bin hektarlık alanı kapsayan Milas-Gürceğiz'deki Sekköy, İkizköy, Hüsamlar ve Karacahisar sahalarında üretim çalışmalarını sürdürmektedir (Şekil 2.4).

Bu alanda, alt ısıl değeri 1650-2260 kcal/kg olan yaklaşık % 50'si yeraltı işletmeciliği ile alınabilecek toplam 299 milyon ton linyit rezervi bulunmaktadır.

Üretim kapasitesi, İşletme toplamı 7,4 milyon ton olarak projelendirilmiştir. Üretilen kömürlerin hemen hemen tamamı 2x210 MW gücündeki Yeniköy ve 3x210 MW gücündeki Kemerköy Termik santrallerine verilmektedir.

Şekil 2.4 Yeniköy Linyitleri İşletmesi

Üretimlerin tamamı açık ocak işletmeciliği yöntemiyle yapılmakta, üretim çalışmalarında dragline, ekskavatör ve maden kamyonu gibi büyük kapasiteli maden makineleri kullanılmaktadır.

2000–2006 dönemi; 1 ton kömür için ortalama 2,6 m^3 olmak üzere yıllık ortalama 17,1 milyon m^3 dekapaj yapılmış olup, bunun % 54'ü ihale ile yaptırılmıştır.

2.3.5. Garp Linyitleri İşletmesi (G.L.İ.)

Devlet eliyle işletilmesi ilk 1938–1939 yıllarına rastlayan bu işletme, müessese statüsüyle 1940 yılından 1957 yılına kadar ETİBANK'a bağlı olarak faaliyette bulunmuştur. 1957 yılında ise TKİ'ye bağlanarak daha sonra sırasıyla; Bölge Müdürlüğü ve İşletme Müdürlüğü olarak faaliyetlerini sürdürmüştür. En son, Nisan 2004'te yeniden müessese tüzel kişiliği verilen bu işletmenin merkezi Tavşanlı'da olup, Kütahya'ya 45 km mesafededir.

İşletme, ruhsatı T.K.İ. 'ye ait, yaklaşık 13,5 bin hektarlık alanı kapsayan Tunçbilek sahasında üretim çalışmalarını sürdürmektedir. Bu alanda, alt ısıl değeri 2560 kcal/kg olan yaklaşık % 86'sı yeraltı işletmeciliği ile alınabilecek toplam 292 milyon ton linyit rezervi bulunmaktadır (Şekil 2.5).

Yıllık üretim kapasitesi, yeraltı işletme projeleri toplamı 2,35 milyon ton olmak üzere 6,1 milyon ton düzeyindedir. Toplam 429 MW gücündeki Tunçbilek Termik Santrallerine yakıt temin etmekte ve halen satışlarının % 66'sı oranında piyasanın (sanayi ve ısınma sektörü) talebini karşılamaktadır.

Ayrıca, satış öncesi kömür kalitelerini iyileştirmek amacıyla Tunçbilek ve Ömerler'de kömür ayıklama ve lavvar tesisleri bulunmaktadır.

Üretimin yaklaşık % 86'sının yapıldığı açık ocak üretim çalışmalarında dragline, ekskavatör ve maden kamyonu gibi büyük kapasiteli maden makineleri kullanılmaktadır.

2000–2006 dönemi; 1 ton kömür için ortalama 16,2 m^3 olmak üzere yıllık ortalama 59,1 milyon m^3 dekapaj yapılmış olup, bunun % 58'i ihale ile yaptırılmıştır.

Şekil 2.5 Garp Linyitleri İşletmesi

Yeraltı işletmeciliği uygulanan Tunçbilek'de göçertmeli dönümlü klasik uzun ayak sistemi, Ömerler'de ise göçertmeli dönümlü tam mekanize uzun ayak sistemi uygulanmaktadır. Yeraltı işletmeciliği üretiminin % 14 olan oranının artırılması yönünde son yıllarda etüt ve proje çalışmaları yoğunlaştırılarak devam etmektedir. Halen, yeraltı üretimlerinin bir kısmı ihale ile (2006'da % 39'u) yaptırılmaktadır.

Ayrıca, üretim yapıldıktan sonra terk edilen sahalar ağaçlandırılarak çevreye kazandırılmaktadır.

2.3.6. Ilgın Linyitleri İşletmesi (I.L.İ.)

1978 yılında kurulan ve 1989 yılına kadar Müessese olarak ve o yıldan 2004 yılına kadar da doğrudan Genel Müdürlüğe bağlı bir işletme olarak faaliyetlerini sürdürmüştür. En son, Nisan 2004'de de Garp Linyitleri İşletmesi Müessesesi'ne bağlı İşletme Müdürlüğüne dönüştürülen bu İşletmenin merkezi, Ilgın'a 24 km, Konya'ya 112 km mesafededir.

İşletme, ruhsatı T.K.İ. 'ye ait, yaklaşık 5,6 bin hektarlık alanı kapsayan Ilgın-Gölyaka sahasında üretim çalışmalarını sürdürmektedir. Bu alanda kömür rezervi tükenmek üzeredir (Şekil 2.6).

Ancak, Ilgın Linyit oluşumunun rezervinin geliştirilmesi ve yeni rezerv bulunmasına yönelik sondaj çalışmaları yapılmıştır. Bu sondajların değerlendirilmesi sonucu yeni rezervler ve bunların üretilmesine yönelik projelerin geliştirilmesi mümkün olabilecektir.

Şekil 2.6 Ilgın Linyitleri İşletmesi

Halen işletmenin üretim yaptığı alanda, alt ısıl değeri 2180 kcal/kg olan yıllık yaklaşık 200 bin ton kömür üretilerek yörenin kömür talebi karşılanmaktadır.

Üretimlerin tamamı açık ocak işletmeciliği yöntemiyle yapılmakta, üretim çalışmalarında ekskavatör ve maden kamyonu gibi büyük kapasiteli maden makineleri kullanılmaktadır.

2000-2006 dönemi; esas işletmecilik faaliyetlerinin sonuna gelinmiş olduğundan, 1 ton kömür için ortalama 0,7 m^3 olmak üzere yıllık ortalama 197 bin m^3 dekapaj yapılmıştır.

2.3.7. Seyitömer Linyit İşletmeleri (S.L.İ.)

1960 yılından 1990 yılına kadar Garp Linyitleri İşletmesi Müessesesi'ne bağlı olarak, daha sonra sırasıyla; Müessese, Bölge Müdürlüğü ve İşletme Müdürlüğü olarak faaliyetlerini sürdürmüştür. En son, Nisan 2004'te yeniden müessese tüzel kişiliği verilen bu işletmenin merkezi Seyitömer'de olup Kütahya'ya 28 km mesafededir.

İşletme, ruhsatları T.K.İ.'ye ait, yaklaşık 6,9 bin hektarlık toplam alanı kapsayan Seyitömer sahasında üretim çalışmalarını sürdürmektedir (Şekil 2.7).

Bu alanda, alt ısıl değeri 2080 kcal/kg olan toplam 156 milyon ton linyit rezervi bulunmaktadır.

Yıllık üretim kapasitesi 7,7 milyon ton düzeyinde olan İşletme, 4x150 MW gücündeki Seyitömer Termik Santrali'ne yakıt temin etmekte ve piyasa (sanayi ve ısınma sektörü) talebini karşılamaktadır.

Üretimlerin tamamı açık ocak işletmeciliği yöntemiyle yapılmakta, üretim çalışmalarında dragline, ekskavatör ve maden kamyonu gibi büyük kapasiteli maden makineleri kullanılmaktadır.

2000-2006 dönemi; 1 ton kömür için ortalama 2,4 m^3 olmak üzere yıllık ortalama 13,0 milyon m^3 dekapaj yapılmış olup, bunun % 27'si ihale ile yaptırılmıştır. 2002 yılında yapılan % 46 oranındaki müteahhit dekapajının dışında, 2005 yılına kadar tamamı veya tamamına yakın dekapaj İşletmenin kendi imkânlarıyla yapılmıştır. 2006 yılında yapılan dekapajın % 58 'i müteahhit eliyle yapılmıştır.

Şekil 2.7 Seyitömer Linyitleri İşletmesi

2.3.8. Bursa Linyit İşletmeleri (B.L.İ.)

1979 yılına kadar Garp Linyitleri'ne bağlı bir işletme iken o yıldan itibaren ayrılıp doğrudan Genel Müdürlüğe bağlanarak sırasıyla; Müessese, İşletme, Bölge Müdürlüğü ve İşletme Müdürlüğü olarak faaliyetlerini sürdürmüştür. En son, Nisan 2004'te İşletme Müdürlüğü şeklinde Seyitömer Linyitleri İşletmesi Müessesesi'ne bağlanmıştır. İşletmenin merkezi Orhaneli'ye 18 km, Bursa'ya 55 km mesafededir.

İşletme, ruhsatı T.K.İ.'ye ait, yaklaşık 15,8 bin hektarlık alanı kapsayan Orhaneli-Gümüşpınar ile Keles-Harmanalanı linyit sahalarında üretim çalışmalarını sürdürmektedir (Şekil 2.8).

Bu alanlarda, alt ısıl değeri 1900-2500 kcal/kg olan 65 milyon ton rezerv bulunmaktadır. Halen işletilmesi ekonomik olmayan Davutlar sahası ile rezerv miktarı 104 milyon ton olmaktadır.

Yıllık üretim kapasitesi 2,3 milyon ton olan bu işletme, 210 MW gücündeki Orhaneli Termik Santrali'ne yakıt temin etmekte ve piyasa (sanayi ve ısınma sektörü) talebini karşılamaktadır.

Şekil 2.8 Bursa Linyitleri İşletmesi

Üretimlerin tamamı açık ocak işletmeciliği yöntemiyle yapılmakta, üretim çalışmalarında dragline, ekskavatör ve maden kamyonu gibi büyük kapasiteli maden makineleri kullanılmaktadır.

2000–2006 dönemi; 1 ton kömür için ortalama 14,4 m^3 olmak üzere yıllık ortalama 10,6 milyon m^3 dekapaj yapılmış olup, bunun % 50'si ihale ile yaptırılmıştır.

Ayrıca, incelenen tüm işletmelerde üretim yapıldıktan sonra terk edilen sahalar ağaçlandırılarak çevreye kazandırılmaktadır (T.K.İ., 2004 ve 2006 Faaliyet Raporları).

BÖLÜM 3

VERİMLİLİK İLE İLGİLİ KAVRAMLAR VE TANIMLAR

Verimlilik kavramı, yeryüzünde kurulan ilk işletmeler kadar eski olmakla beraber, ekonomik düşünce tarihinin ilk kayıtlarında hemen hemen hiç rastlanmamaktadır. Bunun yerine, klasik ekonomistler verimlilik kavramına yaklaşan üretim ve üretim oranından bahsetmektedirler. Ancak bu kavrama verilen önem, modern iktisadi düşüncenin doğuşu ile başlamış ve İkinci Dünya Savaşı'nı izleyen yıllarda bir hayli artmıştır. Savaş sonrasında dünya ülkeleri ilk kez, ekonomik kalkınma bilincine erişmiş ve onu uluslararası politikanın gerekli ve temel bir hedefi yapma yolunda çaba harcamışlardır. Böylece ekonomik üstünlük ağırlık kazanmış, özellikle büyük ülkeler arasında bir "ekonomik yarış" ortamı doğmuştur (Başkan, 1971).

Bugün, gelişmiş ülkelerin içinde bulundukları ekonomik yarışın yanı sıra gelişmekte olan ülkeler de kalkınma çabası içindedirler. Gelişmişlik ya da ekonomik sistem farklılığı olmaksızın tüm ülkelerin, kalkınma çabalarının değerlendirilmesinde esas olan göstergelerden biri verimlilik kavramıdır. Kalkınma düzeyini yükseltmek isteyen her toplumun temel hedefi, mevcut kaynaklarını en yararlı yerlerde ve en faydalı biçimde kullanarak üretimini en çoğa çıkarmak olacağından, bu ülkeler için verimlilik çok önemli bir kavram olarak ön plana çıkmıştır.

Verimlilik artışının sağlandığı asıl yerler, ulusal ekonominin çekirdeğini oluşturan işletmelerdir. İşletmelerin verimsiz çalışmaları durumunda ulusal ekonomide de verimlilikten söz etmek mümkün değildir. Diğer yandan düşük verimlilik tuzağına takılmış işletmelerin, günümüzün yarışmacı ulusal ve uluslararası piyasalarında uzun dönemde iyi bir performans düzeyi sağlamaları da olanaksız gözükmektedir.

Gelişmişlik düzeyine ulaşabilmek için hem insan hem de sermaye kaynaklarını daha etkili kullanmak zorunda olan ülkelerin en önemli sorunu, ekonomik gelişmenin yaygın ve yoğun yöntemleri arasında optimal bir denge kurmaktır. Modern donanımın ve insan kaynaklarının gelişmesi birlikte yürütülmelidir. Bu nedenle, verimlilik artışı ya da var olan kaynakların etkin kullanımının, herhangi bir toplumun gelişebilmesinin en iyi, hatta tek yolu olduğunun bilinmesi gerekir (Prokopenko, 1992).

Verimlilik aslında bir performans göstergesidir. Bu sebeple ilk başta, tanım kargaşasına sebep olan performans ölçüm yöntemlerinden verimlilik, etkinlik ve etkililik kavramlarına açıklık getirilecektir (Baş ve Artar, 1991).

3.1. Performans

Çağdaş yönetim anlayışında performans; bir işletmenin başarısını diğer bir deyişle işletmenin amaçlarına ulaşma düzeyini nicel (miktar) ve nitel (kalite) olarak tanımlayan çok boyutlu bir kavramdır. Diğer bir deyişle, belirlenmiş olan bir hedefe ulaşım seviyesinin ölçümüdür.

Performans ölçümleri, performanslarının geliştirilmesini hedefleyen ve bu hedef doğrultusunda teşkilatlanan yönetimler için temel bir araç olmaktadırlar. İşletmenin, göreli olarak rakip kuruluşlara göre mevcut durumunu belirleyip, strateji geliştirebilmek için performans ölçümü kaçınılmazdır. Ölçmeden yönetmenin olanaksızlığı göz önüne alındığında; verimlilik yönetimindeki ilk adımın ölçme gereksinimi olduğu anlaşılmaktadır. Ölçüm yapabilmek için sağlıklı verilere gereksinim vardır. Sağlıklı veriler ise işletmelerin şeffaflığı ve denetim kültürünün yerleşmesiyle mümkündür. Ölçme sonucunda elde edilen bulguların ya da bilgi kümesinin değerlendirilmesi ile ileriye yönelik üretim için gerekli girdi karmasının planlanması ve kontrolü mümkün olabilir ve verimlilik boyutu geliştirilebilir. Bu nedenle, günümüz işletmelerinde verimlilik değerlendirme süreci ve bilincinin yerleştirilmesi kaçınılmaz bir gerekliliktir (Yolalan, 2001).

Yönetimlerin performans anlayışları ve belirlenmiş olan ölçüm kriterleri tarih içerisinde sürekli bir değişime uğramıştır. Başlarda temel performans anlayışı en düşük maliyet en yüksek üretim dolayısı ile kâr iken, zamanla bu geleneksel anlayıştan günümüzün rekabetçi şartlarının gereği olarak müşterinin tatmini, kalite, yenilik gibi çok değişik ölçülere ağırlık verilerek geleceğin yönetim anlayışına ve örgüt yapısına geçişe yönelinmiştir (DPT, 2000; Baş ve Artar, 1991).

Performans kavramının değişim süreci içerisinde, değişmeyen ve önemini yitirmeyen boyutu, ekonomik performans anlayışıdır. Çünkü ister ekonomik kuruluşlar isterse sosyal amaçlı kuruluşlar olsun kârlılık ve dolayısı ile ekonomik performans, işletmelerin ya da kuruluşların varlıklarını sürdürmelerinin temel koşullarından birisidir (DPT, 2000).

Kârlılığın yanı sıra etkililik, kalite, yenilik, çalışma yaşamının kalitesi ve randıman gibi performans değerlendirme göstergelerinden olan ve modern işletme yönetim anlayışlarının temelini oluşturan verimlilik ve etkinlik kavramları giderek performansla eşanlamlı olarak ele alınmaya başlamıştır. Bu bölümde verimlilik ile etkinlik kavramları hakkında ayrıntılı bilgi verilerek aralarındaki farklılıklar ortaya koyulacaktır.

3.2. Verimlilik

Performans anlayışının gelişim sürecinde, yer alan boyutlardan birisi olan verimlilik genel bir ifadeyle; bir üretim ya da hizmet sisteminin ürettiği çıktı ile bu çıktıyı üretmek için kullandığı girdi arasındaki ilişki (Çıktı / Girdi) olarak tanımlanmaktadır (Prokopenko, 1992).

Verimliliğe ilişkin tanımların çoğu birbirinin benzeridir. Bu açıdan birkaç temel tanımdan bahsedilecektir.

- İngiltere kökenli bir yazar olan Lawlor, verimliği; çıktı / girdi oranıyla, kaynakların ne ölçüde etkin ve etkili kullanıldığına ilişkin bir ölçü olarak tanımlamaktadır (Baş ve Artar, 1991).
- Amerikan Verimlilik Merkezi'nin bir yayın organı olan Productivity Brief'in bir sayısında ise Sadler'in verimlilik tanımı şöyledir; Verimlilik, bir üretim sürecinde kullanılan kaynaklar başına her ikisi de fiziksel büyüklükler ile ölçülen, mal ve hizmet çıktılarıdır. Verimlilik bir maliyet merkezi veya tek bir ürün düzeyinde ölçülebileceği gibi, tesis, teşebbüs, endüstri veya ulusal ekonomi düzeyinde de ölçülebilir (Baş ve Artar, 1991).
- Çeşitli mal ve hizmetlerin üretiminde kullanılan emek, sermaye, arazi, malzeme, enerji, bilgi gibi kaynakların etkin kullanımıdır.
- Üretim odaklı bir kavram olup, asıl olarak etkinlik ve etkililik bileşenlerinden oluşmakla birlikte randıman, yenilik, çalışma yasasının kalitesi gibi performans boyutlarını da içine almaktadır (Baş ve Artar, 1991).
- Sonuçlarla, bu sonucu elde etmek için harcanan zaman arasındaki ilişki olarak da tanımlanabilir. Zaman çoğu kez, evrensel bir ölçü olduğu ve insan denetimi dışında kaldığından, iyi bir paydadır. İstenen sonucu sağlamak için harcanan zaman azaldıkça sistemin verimliliği artar (Prokopenko, 1992).
- Tüm sosyal grupların üzerinde hemfikir olabileceği bir tanım olarak; verimlilik artışının temel göstergesi girdinin sabit kalması ya da geliştirilmiş kalitedeki çıktıya oranla düşmedir denilebilir (Prokopenko, 1992).
- Üretim işlemine dahil olmuş öğelerin, karşılıklı etkileşimi sonunda, hasılayı optimal noktaya çıkaracak bir miktar ilişkisi içinde olmalarına verimlilik denir (Gürsoy, 1985).

- Doğru olan işleri doğru bir biçimde ve doğru bir ölçekle gerçekleştirmeyi hedefleyen akılcı bir yaşam biçimidir.
- Çevresel koşullara uyum sağlayarak sürekli gelişimi hedefleyen bir inançtır.
- Üretimin en çoklanması ya da maliyetin en azlanmasının ötesinde katlanılan maliyetin faydasındaki artışı simgelemektedir.
- Örgütsel performansın daha çok fiziksel bir ölçümüdür.
- Genel anlamda bir gelişmişlik düzeyidir (Yolalan, 2001).
- Verimlilik, doğru olan işleri, doğru biçimde ve ekonomik bir çalışma ile gerçekleştirmeyi amaçlayan akılcı bir yaşam biçimidir.
- Üretim tipi, politik ya da ekonomik sistem ne olursa olsun, verimlilik tanımı değişmez. Bu nedenle, verimlilik farklı kişiler için farklı anlama gelse de temel kavram daima, üretilen mal ve hizmetlerin miktar ve kalitesi ile bunları üretmek için kullanılan kaynaklar arasındaki ilişki olarak kalır (Prokopenko, 1992).
- Çalışma performansı ve çalışma koşullarının geliştirilmesidir.
- Nitel ve nicel üretimin kullanılan kaynaklara oranıdır.
- Kâr planlamasında yararlı bir faktördür.
- Girdi faktörleri sabit tutularak verimlilik artırılırsa gelir artar.
- Niteliği geliştiren araçlardan biridir.
- Çalışanları, canından bezdirmek ve robotlaştırmak değildir.
- Üretim miktarını ölçen bir ölçüt değildir.
- Kârlılık göstergesi değildir. Bazı durumlarda verimliliği düşük projeler de kârlı olabilir.
- Kalite ile aynı şey değildir. Verimlilikteki bir artış daha iyi kaliteyi garantilemez.

- Ancak burada kalite durumunun da göz ardı edilmemesi gerekmektedir. Bir işletmede kaliteli mal ve hizmet üretilmesi üretim faktörlerinin iyi ve verimli kullanıldığının da göstergesidir. Kaliteyi de dikkate alarak belli düzeydeki bir çıktının en az girdi ile elde edilmesi ya da belli bir miktar girdi ile maksimum çıktı sağlanması verimliliktir (Arslan, 2002).
- Esas itibariyle, yapılan faaliyetin girdi ve çıktılarının sayısal olarak ölçülebildiği durumlarda söz konusu olan bir kavramdır. Bir faaliyetin "verimli" sayılabilmesi için;

  1. Aynı girdi ile daha fazla çıktı sağlanması,
  2. Aynı çıktının daha az girdi ile elde edilmesi,
  3. Çıktının girdi artışından daha yüksek düzeyde artırılması gerekir.

Verimlilik yerine bazen, prodüktivite, kârlılık gibi ifadelerin kullanılmasına rağmen bunlar tamamen birbirinden farklı kavramlardır. Prodüktivite (üretkenlik), birim üretim faktörleri başına üretilen çıktı değeridir ve toplam çıktı ile tek bir girdi arasındaki ilişkiyi ifade etmek için kullanılır. Verimlilik ise prodüktiviteyi de kapsayan geniş bir kavramdır.

Verimlilik ve kârlılık (verimlilik × fiyat kazanımı) birbirine bağlı olarak açıklanan diğer iki kavramlardır. İşletme yönetimi, belirli bir zaman periyodundaki üretim ve satış faaliyetleri sonucunda asıl olarak kârlılıkla ilgilenir. Bu nedenle kârlılığı etkileyen parametreleri analiz ederek üretim verimliliğini arttırıcı ve dolayısıyla kârlılığı arttırıcı çalışmalar yapar (Konuk, 1991).

3.2.1. Verimlilik çeşitleri

Girdi ve çıktı arasındaki oranın belirlenmesinde farklı metotlar kullanılmaktadır başka bir ifadeyle verimliliğin belirlenmesindeki kriterler değişik şekillerde belirlenebilmektedir. Buna göre; fiziki ve parasal verimlilik, ortalama ve marjinal verimlilik, mikro ve makro verimlilik, kısmi ve toplam faktör verimliliği olmak üzere verimlilik değişik yöntemlerle hesaplanmaktadır.

Fiziki ve parasal verimlilik, verimlilik oranının pay ve paydasında homojenlik derecesine göre fiziki veya parasal değerlerle ifade edilmesidir. Pay ve paydada fiziki değerlerle ifade edilmiş ise fiziki, parasal değerlerle ifade edilmiş ise parasal verimlilik olarak belirtilir. Belli bir dönemdeki toplam çıktının aynı dönemdeki toplam girdilerin oranına ortalama verimlilik denilirken, yine belli dönemde çıktıda meydana gelen değişmenin aynı dönem girdilerindeki değişime oranı da marjinal verimlilik olarak bilinir. İşletme düzeyinde hesaplanan verimlilik mikro, ulusal düzeyde hesaplanan verimlilik ise makro verimliliktir.

Her çeşit üretim faaliyeti sonunda elde edilen üretimin, bu üretimde kullanılan girdilerden herhangi birine bölünmesiyle kısmi verimlilik oranları elde edilmektedir. Orana esas alınan girdinin, emek, arazi, sermaye olmasına göre hesaplanacak oranlara da emek verimlilik oranı, sermaye verimlilik oranı veya arazi verimlilik oranı denilmektedir.

Kısmi verimliliklerin üretimin maddi girdileri dışındaki unsurların etkisini yansıtmaması nedeniyle toplam faktör verimliliği kavramı geliştirilmiştir. Toplam faktör verimliliği; bir dönemde elde edilen toplam çıktının o dönemde kullanılan toplam girdiye bölünmesi ile elde edilmektedir.

Benzer kavramlar birer hesaplama işleminden öteye gitmediği halde, verimlilik kavramı, üretime giren bütün faktörlerin işletme sonuçlarına göre nispî etkinlik derecelerini, bu faktörlerin birbiriyle olan ilişkilerini bilimsel açıdan incelemeyi amaçlar. İnceleme sonucu elde edilen bulgulara göre üretimde kullanılan girdileri ve etkinliği artırıcı dolayısıyla üretimi artırıcı birtakım kurallar oluşturulur (Konuk, 1991).

3.2.2. Verimliliğin rolü ve önemi

Dünya nüfusunun artışına göre doğal kaynaklarda görülen azalış sebebiyle dünya ekonomisini, üretim miktarlarının belirlenmesi ve uluslararası karşılaştırmalar sebebiyle ulusal ekonomileri, işletme yönetimi, kârlılık ve başarı derecelerini saptama açılarından da işletmeleri ilgilendiren günümüzün verimlilik yarışması büyük bir öneme sahiptir.

Günümüzde üretimde kullanılan faktörlerin giderek azalması ve buna bağlı olarak ortaya çıkan faktör fiyatlarının artması, özellikle kalkınmış ülkelerde, kaynakların daha etkin kullanımı sorununu gündeme getirmiştir.

Ulusal ya da uluslararası pazarlarda satmak amacıyla üretim yapan her işletme, üretimde kullandığı her türlü kaynağı diğer işletmelerden daha etkin kullandığı sürece varlığını sürdürebilir ve kendini genişleterek yeniden üretim yapabilir. Aynı şekilde, toplumların refah düzeylerinin daha da yükseltilmesi, ülkelerin ekonomik, dolayısıyla da siyasal bağımsızlığını koruyabilmesi, ancak o toplumun ve ülkenin sahip olduğu kaynakları öteki toplum ve ülkelerden daha etkin kullanmasıyla mümkündür. ABD'de yapılan çeşitli araştırmalar, bugünün gelişmiş ülkelerinde ekonomik büyümenin girdi miktarlarındaki artışlardan çok, toplam faktör verimliliği artışlarıyla sağlanabildiğini açıkça ortaya koymuştur (http://enm.blogcu.com/4535895/).

Bir ülkenin gelişimini sağlayan verimlilik arttırıcı çalışmaların işletmeye, işletme yönetimine ve işçilere (veya personele) de bir takım faydaları bulunmaktadır.

<u>İşletmeye sağladığı faydalar:</u>

- İşçi performansı ve çalışma şartlarını iyileştirmek amacıyla yapılan miktar ve kaliteyi ölçücü tekniklerin kullanılmasıyla, işçilerin hırslı ve gayretli çalışması sağlanabilir.

- Girdi ve çıktı faktörlerindeki değişmelerin oranlarla ölçülmesi sayesinde üretimde kullanılan kaynaklardan tasarruf edilebilir.
- Girdi ve çıktı miktarları değiştirilerek verimlilik arttırıcı çalışmalarla kârlılık da arttırılabilir.

İşletme yönetimine sağladığı faydalar;

- İşletme performansının işletme birimleri düzeyinde kontrol edilmesi ve geliştirilmesi sağlanır.
- İşletmenin genel performansını ölçerek rakip ve benzer işletmelerle karşılaştırılması ve işletme stratejisinin belirlenmesi sağlanır.
- İşletme kaynaklarının en etkin kullanımı ve planlaması sağlanır.
- Ölçümlerde sağlanan bilgilerle üretim kapasitesinin, çıktı tahminlerinin, kaynak gereksinimlerinin dolayısıyla maliyet tahminlerinin ve bütçelerin işletme amaçlarına uygun olarak yapılabilmesi sağlanmış olur.
- Etkin denetleme için bir temel oluşturulur.
- İş akışının devamlılığı ve fazla zaman kullanımının önlenmesi sağlanır.
- İş planlaması ve zamanlamasının iyileştirilmesi sağlanır.

İşçilere (veya personele) sağlayacağı faydalar;

- Karar verme aşamasına katılmaları için fırsatlar sağlar.
- Başarının anlaşılmasını sağlar.
- Görevde ilerleme, fazla kazanma ve mesleki tatmin için fırsatlar yaratır.
- İşçi-işveren ilişkilerini düzenlenmesi ve de işyeri koşullarının iyileştirilmesini sağlar (Konuk, 1991; www.ytukvk.org.tr).

Sonuç olarak verimlilik, hem nitel hem nicel boyutları olan bir kavram olup işletmelerin uzun dönemdeki rekabet gücü ve istikrarlı kârlılığı açısından önemlidir.

3.2.3. İşletme verimliliğini etkileyen faktörler

İşletmelerde verimliliğe üretim sürecinde kullanılan ilk madde ve malzeme, işgücü, arazi, bina, makine, donatım ve enerji gibi kaynakların etkin kullanımı olarak bakılmaktadır. Üretim sürecinde kullanılan girdilerin tek başına ya da toplu olarak üretim düzeyi ile ilişkisi bulunmaktadır. Tüm girdilerin üretimle ilişkisini belirleyen kendi verimlilik oranlarının bilinmesi ve bunların çeşitli koşularda eğilimlerinin izlenmesi sırasında bir veya birkaçının nitelik ve niceliğini değiştirip diğerlerinin yerine koyarak en iyi girdi bileşimi ile en yüksek üretim düzeyi elde edilebilir.

İşletmelerdeki kaynak kullanım kararlarının alınmasında temel bir gösterge olarak kabul edilen verimlilik oranları aynı zamanda denetim aracı olarak da kullanılmaktadır. Bir yandan üretim süreçleri kontrol edilip geliştirilirken, diğer yandan da işletmeler arası karşılaştırmalarda önemli bir gösterge olmaktadır.

İşletmelerde üretime sokulan girdi verimliliği ile üretim maliyetleri arasında sıkı bir ilişki vardır. Girdi miktarı ne kadar az ve sonuçta elde edilen ürün ne kadar çok olursa verimlilikte o kadar yüksek olacaktır. Başka bir ifadeyle maliyetlerin düşük olması, verimliliğin yüksek olmasına bağlıdır. Rekabetçi piyasalarda maliyet-verimlilik ilişkisi diğer isletmelerle rekabet gücünü belirleyen bir göstergedir.

İşletmeler için oldukça önemli olan verimlilik oranları ancak ölçülerek elde edilebilir. Bu sebeple isletmelerde verimlilik ölçüm biriminin oluşturulması ve verimlilik ölçüm-analiz sisteminin kurulması gerekmektedir.

3.2.4. Madencilik sektöründe verimlilik

Son yıllarda dünyamızda ve ülkemizde görülen hızlı nüfus artışı karşısında insanların gereksinimlerini karşılamak ve bu arada da refah seviyelerini yükseltmek amacıyla sürekli olarak üretimi arttırıcı çalışmalar yapılmaktadır. Bununla birlikte doğal kaynakların kıtlığı ve üretimi arttırmak amacıyla yapılan yatırımların maliyetinin yüksek olması, var olan üretim tesislerinin işleyişinde verimlilik arttırıcı çalışmaları gündeme getirmiştir.

Madencilik sektöründe de yapılacak yatırımların yüksek olmasının yanı sıra işletme yatırımlarının verimliliğini etkileyen birçok parametre, belirsizlikler içermektedir. Diğer endüstriyel yatırımlardan farklı olarak gözlenen bu belirsizlikler ve bunların etkileri aşağıda verildiği gibidir.

- Cevher rezerv ve tenörleri belirli oranlarda varyasyonlar içerir. Cevher rezervindeki bu belirsizlikler maden işletmesinin ömrünü, cevher tenöründeki belirsizlikler ise satış gelirlerini önemli ölçüde etkiler.
- Cevherlerin örtü tabakalarının delinebilirliği, patlatılabilirliği ve kazılabilirliği de belli oranlarda varyasyonlar içerir. Bu da bir işletmede delme-patlatma ve kazı-yükleme maliyetlerinin farklı değerlerde oluşmasına neden olur. Ayrıca farklı jeomekanik özelliklere sahip cevher ve kayaçlarda çalışan iş makinelerinin verimlilikleri de değişken olmaktadır.
- Maden işletmesinden cevher hazırlama ve zenginleştirme tesislerine gelen cevherlerin farklı tenör ve minerolojik özelliklere sahip olması da cevher hazırlama ve zenginleştirme safhasında farklı verimlilik ve maliyet yapılarının oluşmasına neden olmaktadır (Konuk, 1991).

Bir maden yatağında uygulanabilecek işletme yöntemi de (açık veya yeraltı gibi), iş makineleri ve işçilerin verimliliklerinde önemli bir etkiye sahiptir;

Açık işletmecilikte; yüksek kapasiteli makine ve ekipmanların geliştirilmesi ve işletme faaliyetlerinin bilgisayarla takip edilmesi (ölçme-izleme-kontrol) verimliliğin gün geçtikçe artmasına sebep olmuştur. Hesaplanan verimlilik analizleri ile ekskavatörlerin ve kamyonların kazı-yükleme ve taşıma-boşaltma süreleri optimum şekilde düzenlenmekte, çalışan makinelerden yağ numuneleri alınarak analizler yapılmakta ve makinelerin bakım-onarım süreleri ile yağ tüketiminde önemli tasarruflar sağlanmaktadır.

Yeraltı işletmeciliğinde; verimlilik ve günlük üretim kapasiteleri kazı-nakliyat-tahkimat ünitelerindeki mekanizasyon ve otomasyona bağlı olarak artış göstermiştir. Taban yollarının hazırlanmasında galeri açma makineleri, kömür kazı ve yüklemede çift tamburlu kesici-yükleyiciler, ayakiçi tahkimatında kalkan tipi yürüyen tahkimatlar, ayakiçi kömür nakliyatında panzer tip zincirli konveyörlerin yaygınlaşması, daha geniş ayak boylarında (180-300 m), daha uzun panolar (1800-2200 m) hazırlanarak üretim yapılmasını sağlamıştır.

Bu sektörde yapılacak verimlilik karşılaştırmasında doğru sonuçların elde edilebilmesi için aynı işletme yöntemiyle çalışan madenlerin dikkate alınması gerekmektedir (Konuk, 1991; DPT, 1996).

Kömür madenciliğinde verimlilikle ilgili birçok çalışma yapılmıştır. Uygun ve vd. (2007) toplam faktör verimliliği yöntemi ile Tunçbilek bölgesi kömür madenciliğinde uygulanan üretim yöntemlerinin verimliliğinin karşılaştırılması yapılmıştır. Kulshreshtha ve Parikh (2001), dünyanın üçüncü büyük kömür üreticisi olan Hindistan'da toplam verimlilik artışını belirlemek üzere parametrik olmayan metotla bir çalışma yapmışlar, 2002 yılında ise Hindistan kömür sektörü verimliliği ve bu sektörde yeraltı ve açık işletme yöntemlerinin, etkinlik ve verimliliğe etkilerini ortaya koymuşlardır (Kulshrestha vd, 2001, 2002). Flynn (2000), ABD'de 2000 yılında yapılan, Yıllık Enerji Bakışı (AEO, 2000) toplantısında ortaya konan veriler doğrultusunda kömür piyasasındaki teknolojik değişimin verimliliğe etkilerini incelemiştir.

Merrel ve Heinz (1999) ise ABD kömür madenciliğindeki şirket birleşmeleri ve üst yönetim değişikliklerinin verimliliğe etkilerini ortaya koymuştur. Boal (1990) sendikalaşmanın kömür üretimi verimliliğine etkilerini incelemiştir. Bernardo ve Gillenwater (1991), Amerikan kömür madenciliğiyle ilgili tespitlerde bulunmuşlar ve toplam verimlilik oranını arttırma yönünde çalışmalar yapmışlardır. Konuk ve Ankara (1990) yaptıkları çalışmada, Türkiye kömür madenciliğinde ekonometrik verimlilik gelişiminde etkili olan üretim faktörleri hakkında bilgiler vermişlerdir.

3.3. Etkinlik

Etkinlik, yararlı çıktıların üretilmesi için kullanılan işçilik, hammadde ve malzeme, dışarıdan sağlanan fayda ve hizmetler gibi kaynakların ne denli etkin kullanıldığını anlatan bir kavramdır. Başka bir ifadeyle etkinlik, tüketilen girdilerle olabildiğince çok çıktı üretme başarısıdır. Yani mevcut teknoloji çerçevesinde belli bir girdi bileşiminin kullanılarak maksimum çıktı elde edilmesine veya belirli bir çıktı bileşiminin en az girdi kullanılarak üretilmesine etkinlik denilmektedir (Baş ve Artar, 1991; Tarım, 2001).

Genel anlamda; tüketilen girdiler ile olabildiğince çok çıktı üretme başarısı olarak tanımlanan etkinliğin ölçümü, üretim sınırının (etkin üretim fonksiyonu) bilindiği varsayımı altında yapılmaktadır. Diğer bir deyişle, firmanın gözlenen performansı, mutlak etkinlik standardı ile kıyaslanmaktadır. Kullanılan standarda bağlı olarak, etkinlik ölçümlerinin farklı sonuç vermesi kaçınılmazdır. Bu bağlamda, etkinlik standardının veya etkin üretim fonksiyonunun doğru şekilde belirlenmesi önemlidir.

Üretim fonksiyonunun (sınırının) belirlenmesinde iki temel yaklaşım vardır.

- Mühendislik uygulamalarında yoğun olarak kullanılan teorik (bilime temel olan kurallar) fonksiyon türetme,
- Gözlemlerden hareketle elde edilen ampirik (deneysel) fonksiyon belirleme.

Teorik olarak ulaşılabilen en yüksek düzeyin mutlak etkinlik standardı olarak alınması doğal bir sonuçtur. Mühendislik uygulamalarında teorik hedeflerin ortaya konabilmesi mümkün olsa da karmaşık bir organizasyon olan işletme için aynı yorumu yapmak zordur. Bu şartlar altında kıyaslamanın kesin olarak belirlenemeyen teorik fonksiyon yerine, mevcut uygulamalar göz önünde bulundurularak, en iyi uygulamalarla kıyaslanması daha anlamlıdır. Teorik üretim fonksiyonları, tam olarak belirlenebilmeleri halinde etkinlik standardı olarak kullanılabilirler. Hatta bu fonksiyonların parametrik olarak ifade edilmeleri halinde getirecekleri çeşitli avantajlar bulunmaktadır. Birçok çalışmada teorik fonksiyonların pratikte elde edilmesinde karşılaşılan güçlükler dikkate alınarak, gözleme dayalı ampirik üretim fonksiyonları üzerine yoğunlaşılmıştır (Farrel, 1957; Tarım, 2001).

Var olan girdiden, gerçekten ihtiyaç duyulan çıktının sağlanma derecesini ve var olan kapasitenin kullanılma durumunu gösteren etkinliği aşağıdaki şekilde ifade etmek mümkündür;

$$\text{Etkinlik} = \frac{\text{Gerçek Çıktı}}{\text{Gerçek Kapasite}}$$

Mevcut rekabet ortamı içerisinde etkinlik ölçümü; işletmenin nerede olduğunu belirlemesine olanak vermekte ve eldeki girdilerden ne denli iyi bir biçimde çıktı üretilebileceğini göstermektedir. Bu işletmenin elinde bulundurduğu girdi bileşimini en uygun biçimde kullanarak mümkün olan en çok çıktıyı üretmedeki başarısı "teknik etkinlik" ve uygun ölçekte üretim yapmadaki başarısı da "ölçek etkinliği" olarak tanımlanmaktadır. Bu bileşenler işletmenin genel ekonomik etkinliğini belirlemeye yardımcı olmaktadır.

Etkinlik (efficiency) çoğu zaman etkililik (effectiveness) kavramı ile karıştırılmaktadır. Etkililik, amaçlarla daha doğrusu çıktılarla ilgili olmasına karşın, etkinlik mevcut kaynakların kullanımı ile ilgili bir kavramdır. Bir işletme etkin olmakla birlikte etkili çalışmayabileceği gibi etkili çalışmakla birlikte etkin çalışmayabilir.

3.4. Verimlilik-Etkinlik İlişkisi

Verimlilik; kısıtlı kaynakların akılcı, topluma ve insana yararlı, doğaya saygılı bir biçimde kullanılarak en etkili sonuçları alabilmek ve yaşam kalitesini yükseltebilmek amacıyla yapılan çalışmaların bütünüdür. Verimlilik, basit olarak çıktının girdiye oranıdır. Etkinlik ise uygun kaynaklarla ulaşılan maksimum çıktı potansiyelini sağlayan en iyi kullanımı ifade etmektedir. Etkinlik, çıktılar sabit tutularak girdilerin minimize edilmesi veya çıktılar maksimize edilirken girdilerin sabit kalması veya bunların kombinasyonu ile artırılabilir (Yolalan, 1993; Dinç ve Haynes, 1999).

Verimlilik (productivity) ve etkinlik (efficiency) kavramları literatürde sıklıkla birbirlerinin yerine kullanılmaktadır. Etkinlik ve verimlilik arasındaki fark Şekil 3.1 yardımıyla açıklanabilir. A, B ve C üç farklı üreticiyi ifade etmektedir. x ekseni girdi miktarlarını ve y ekseni çıktı miktarlarını göstermek üzere, A noktasının verimliliği DA/OD oranıyla hesaplanır. Yani A'nın verimliliği, bu noktadan orijine çizilen doğrunun eğimidir.

Bu veriler ışığında, çıktı düzeyini A noktasından B noktasına kaydırarak verimlilik artırılabilir. Bu durumda elde edilen yeni verimlilik düzeyi BD/OD oranıdır. A noktasının etkinliği ise; A noktasına ait verimliliğin, B noktasına ait verimliliğe oranıdır (Eroğlu ve Atasoy, 2006). Etkinlik; gerçek çıktının gerçek kapasiteye oranı olduğuna göre A noktasında kullanılan girdi miktarı ile daha fazla çıktı üretmek (B noktasındaki kadar) mümkündür. Dolayısıyla A noktasının etkinliği;

(AD/OD)/(BD/OD)=AD/BD'ye eşittir.

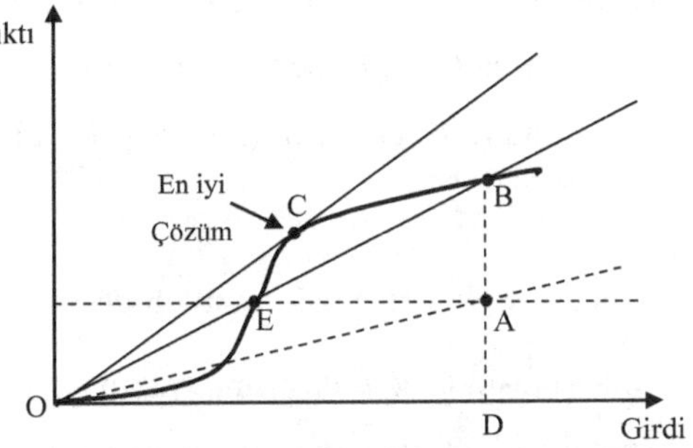

Şekil 3.1 Verimlilik ve etkinliğin gösterimi (Coelli et al., 1998)

Performans değerlendirmede kullanılan bu iki kavram arasındaki farklılıklar şöyle sıralanabilir;

Etkinlik kavramı verimlilik kavramından daha geniş bir anlam ve içeriğe sahiptir.

Verimlilik yalnızca işletmelerin niceliksel (miktarsal) birimler cinsinden ölçülebildiği yerlerde yararlı olurken, buna karşın etkinlik bütün işletmeler için söz konusudur.

Etkinlik bir işletmenin çıktılarını mümkün olan ekonomik ve siyasal bütün yollardan en çoklamaya çalışırken, verimlilik etkinliğin başlıca öğelerinden sadece birisi olarak çıktıların maksimizasyonunu etkinlikle birlikte sağlamayı amaçlamaktadır (Arslan, 2002).

Yukarıda bahsedilen üstünlüklerinden dolayı tez çalışmamızda; işletmelerin etkinliklerinin incelenmesi uygun görülmüştür. Buna göre aşağıdaki bölümde etkinlik ölçüm yöntemlerinden bahsedilecektir.

3.5. Verimlilik Yaklaşımlarında Kullanılan Tekniklerin Karşılaştırılması

Verimlilik basit olarak bir kurumun amacına uygun olarak yarattığı ürünün, bu ürünü ortaya koyabilmek için harcadığı kaynağa oranlanmasıyla hesaplanır. Ancak günümüzde kullanılan birbirinden farklı kaynaklar, bu kaynakların kullanımı ile elde edilen farklı ürünler ve girdi-çıktı birimlerindeki farklılıklar verimliliğin değerlendirilmesini güçleştirmektedir. Bu sebeple çeşitli ölçüm yöntemleri geliştirilmiştir.

Ölçümlerin bize sağladığı faydaları şöyle sıralamak mümkündür;

- Benzer ekonomik birimler arasında karşılaştırma yapmayı ve karar vermeyi kolaylaştırır ve böylece nispî etkinlik ve verimlilik analizi yapılır.
- Ekonomik birimler arasındaki etkinliklerin değişim yönleri ve büyüklükleri belirlenir. Böylece, bu değişime neden olan faktörlerin ortaya konulması, gerek firma yöneticileri gerekse planlamacılar açısından büyük önem arz eder.
- Bu analizler etkinliklerin ve böylece verimliliğin artmasında, politika oluşumuna yol gösterirler (Kalirajan and Shand, 1999).

Verimlilik yaklaşımlarında kullanılan teknikler; oran analizi ve sınır etkinliği (frontier efficiency) yaklaşımı olmak üzere iki ana başlığa ayrılmaktadır. Oran analizi, kapsam ve amaç açısından tek boyutlu analizleri içerir. Verimlilik ölçümünde hesaplanan değişik oranların ağırlıklandırılarak tek bir ölçüt elde edilmesi gereksinimi, yöntemin önemli bir eksikliği olarak belirtilmektedir. Sınır etkinliği yaklaşımında ise ilk olarak en etkin sınır belirlenmekte daha sonra ise problemdeki birimlerin (organizasyon veya firmaların) göreli etkinliği ölçülmektedir. Üretim sınırı özel bir fonksiyonel form ve kısıtlı parametreler vasıtasıyla, parametrik veya parametrik olmayan yaklaşımlar kullanılarak ölçülebilir. Parametrik yöntemler, verimlilik ölçümü gerçekleştirilen işletmelerin üretim fonksiyonunun analitik bir yapıya sahip olduğunu varsayarlar. Parametrik olmayan yöntemler ise üretim fonksiyonunun ardında herhangi bir analitik formun varlığını öngörmeyen esnek bir yapıya sahiptirler ve çözüm yöntemi olarak genellikle matematiksel programlamayı kullanmaktadırlar (Yu,1998; Tarım, 2001; Kaya ve Doğan, 2005).

3.5.1. Oran analizi

Parametrik ve parametrik olmayan yöntemlere nazaran oran analizi en yoğun olarak kullanılan verimlilik ölçüm yöntemidir. Bu yöntem bir tek girdi ile bir tek çıktının birbirleriyle oranlanması sonucu oluşan bir oranın zaman içinde izlenmesi şeklinde uygulanır. Uygulanması ve yorumlanmasındaki kolaylığın etkisi ile yaygın bir şekilde kullanılmasına rağmen çok sayıda girdi ve çıktı içeren karar birimlerinde tek bir orana bakarak karar vermek ve verimliliği anlamak mümkün değildir (İnan, 2000).

3.5.2. Parametrik yöntemler

Parametrik yöntemler; parametrik programlama ve parametrik istatistiksel tahmin yöntemleri olmak üzere ikiye ayrılmaktadır.

Parametrik programlamada, üretim sınırını tahmin edebilmek için parametrik olmayan programlamadaki gibi deterministik[5] doğrusal program kullanır. Parametrik olmayan programlama ile arasında olan temel fark, parametrik teknolojinin düz, parametrik olmayanın ise parçalı doğrusal bir yapı sergilemesidir. Parametrik programlar, literatürde sınırlı sayıda kullanım olanağı bulmuştur (Aydemir, 2002).

---

[5] Aynı giriş değeri için her zaman aynı çıkış değerini veren fonksiyonlara verilen isimdir (f(x) = x + 2).

Parametrik istatistiksel tahmin yöntemlerinde, verimlilik ölçümü gerçekleştirilecek olan endüstri dalına ilişkin üretim fonksiyonunun analitik bir yapıya sahip olduğu varsayımı yapılır ve fonksiyonun parametrelerinin belirlenmesine çalışılır. Verimlilik analizlerinde çok yaygın bir şekilde kullanılan "Cobb-Douglas" tipi üretim fonksiyonuna ilişkin parametrelerin belirlenmesi, bu tür yöntemlere örnek olarak gösterilebilir. Bu yöntemlerle verimlilik ölçümünde, genel olarak regresyon teknikleri ile tahmin yapılırken, üretim fonksiyonu çoğunlukla bir tek çıktı ile birçok girdiyi ilişkilendirerek tanımlanmaktadır (Yolalan, 1993).

Şekil 3.2'den de incelenebileceği gibi bu yöntemde genel olarak bir gözlem kümesi vardır ve bu küme içinde en iyi performans regresyon çizgisi üzerinde olduğu varsayılarak, bu çizgiden sapma göstermeyen gözlemler etkin, sapma gösteren gözlemler ise etkinsiz olarak tanımlanır. Ayrıca, bu yöntemle yapılan tahminler sonucu ortaya çıkan ortalama fonksiyon teorikte ve pratikte, verimli üretim olanaklarını yansıtmadığından, verimlilik ölçme amaçlı kullanılma durumunda yanılgılara yol açmaktadır. Pratikte, ortalama bir performans standardı benimsemek, aslında bir çeşit verimsizliğin kabullenilmesi anlamına gelmektedir. Çünkü ulaşılabilecek olan seviyeyi düşürerek ortalama standartları benimsemek, performansta olabilecek olan ilerlemelerin göz ardı edilmesi demektir (İnan, 2000; Tarım, 2001; Aydemir, 2002).

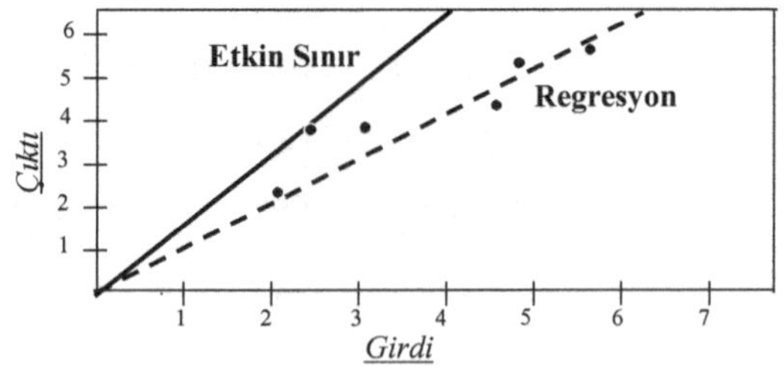

Şekil 3.2 Etkin sınır ve regresyon

Buna ek olarak, ortalama üretim fonksiyonu, endüstri içindeki çeşitliliği değerlendiremez ve tüm karar birimlerinin aynı şekilde üretim yaptığı varsayımında bulunur. Bu varsayım sonucunda bulunan ve tüm endüstrinin ortalama üretim fonksiyonu olan ifade kullanıldığında, bazı girdi miktarlarına karşılık gelen çıktı değerinin aslında hiçbir zaman gözlenmemiş değerler olduğu görülür (Tarım, 2001).

Yukarıda bahsedilen sakıncaları ortadan kaldıracak olan etkinlik ölçüm tekniğinin,

- Çok girdi ve çok çıktısı bulunan bir üretim sürecini bütün olarak değerlendirmesi,
- Üretim faktörlerinin ortak bir paydada buluşturulma çabası içinde başvurulan sübjektif olabilecek ağırlık arayışlarına son vermesi,
- Farklı uzmanlıkları olan, fakat aynı ürünleri üreten veya servisleri sunan karar birimlerinin özelliklerini dikkate alabilmesi,
- Üretim ekonomisinin teorik çerçevesiyle uyum içinde olması,
- Etkinlik skorunu oluşturan etkinlik bileşenlerini belirleyebilmesi,
- Gerektiğinde zaman boyutunu dikkate alabilecek olması gerekir.

Bu açıklamalar çerçevesinde, parametrik bir yöntem olan regresyon analizinin etkinlik ölçümünde ne tür zaafları olduğu görülmüş ve parametrik olmayan yöntemlerden neler beklendiği belirlenmiştir (Tarım, 2001).

Parametrik yöntemde üç farklı yaklaşım bulunmaktadır:

- **Stokastik[6] Sınır Yaklaşımı (Stochastic Frontier Approach):** Bu yaklaşımda maliyet, Kârya da üretimi girdi, çıktı ve çevre faktörleriyle açıklayan bir ilişki kurulmakta ve hata teriminin varlığına izin verilmektedir (Berger and Humprey, 1997).

---

6 Aynı giriş değeri için her zaman aynı çıkış değerini vermeyen fonksiyonlara verilen isimdir.

- **Serbest Dağılım Yaklaşımı (Distribution Free Approach)**: Bu yaklaşımda hata teriminin ve etkinsizliklerin dağılımı üzerinde stokastik yaklaşımda olan güçlü varsayımlar kaldırılmıştır. Etkinliğin istikrarlı olması, etkinsizliklerin negatif olmayan herhangi bir dağılım göstermesi ve rassal hatanın ise ortalaması sıfır olacak şekilde dalgalanması yaklaşıma ilişkin temel varsayımlardır. Serbest dağılım yaklaşımı, her işletmenin herhangi bir noktadaki etkinsizliğinden ziyade en iyi uygulamadan ortalama sapmasını göstermektedir (Berger and Humprey, 1997).

- **Kalın Sınır Yaklaşımı (Thick Frontier Approach):** Bu yöntemde rassal hata ve etkinsizliğin dağılımlarına ilişkin herhangi bir kısıt getirilmemektedir. Yaklaşımda bir fonksiyonel form belirlenmekte, rassal hata tahmin edilen performans değerlerinin en yüksek ve en düşük performans gösteren çeyreklerinden oluşmaktadır. En yüksek ve düşük çeyrekler arasında tahmin edilmiş performanstan sapmalar ise etkinsizlik olarak kabul edilmektedir (Berger and Humprey, 1997).

3.5.3. Parametrik olmayan yöntemler

Parametrik yöntemlere bir alternatif olarak ortaya çıkan bu tür yöntemler ise genel olarak matematiksel programlamayı çözüm tekniği olarak benimsemişlerdir. Bu yöntemler, parametrik yöntemlerde olduğu gibi üretim biriminden bağımsız olduğu için görece avantajlıdır. Ayrıca söz konusu yöntemlerin birden fazla açıklayıcı ve açıklanan değişken kullanılabilme gibi bir üstünlükleri de vardır. Ölçü yerine sıralama, sayma ve işaretleme gibi işlemlerin yapıldığı yöntemlerdir (Yolalan, 1993; İnan, 2000).

Parametrik yöntemlerde görülen düz sınırın tam tersi üretim sınırı parçalı doğrusal olarak tanımlanmaktadır. Bu yöntemler doğrusal programlama kökenli teknikler kullanarak etkinlik sınırına olan uzaklığı ölçmeye çalışırlar. Etkin sınırdan sapmaların tamamı etkinsizlik olarak değerlendirilirken, parametrik istatistiksel tahmin yöntemlerinde sapmanın; veri girişi veya veri toplanması sırasında oluşan sistem dışı hatalar ve etkinsizlik bileşenlerinden kaynaklandığı kabul edilmektedir (Berger and Humphrey 1997; İnan,2000; Tarım, 2001).

Parametrik olmayan yöntemde iki temel yaklaşım bulunmaktadır.

- **Veri Zarflama Analizi (Data Envelopment Analysis):** Parametrik olmayan yöntemler arasında en fazla kullanılan yaklaşımdır. Bu yöntem, homojen oldukları varsayılan üretim birimlerini kendi aralarında kıyaslar. En iyi gözlem etkinlik sınırı olarak kabul edildikten sonra, diğer gözlemlerin bu en etkin gözleme olan uzaklıkları ölçülmekte ve değerlendirilmektedir. Dolayısıyla, VZA yönteminde etkinlik sınırı varsayılan bir durum değil; gerçekleşen bir gözlemdir. Etkinlik sınırı bu şekilde tespit edildiği içinde, bu yöntemde rassal hata kullanılmaz. VZA'nın içsel olarak tanımlandığı üretim fonksiyonundaki gözlem hatalarının olasılık dağılımı ile ilgili herhangi bir varsayımda bulunulmadığı için VZA'nın istatistiksel inceleme için uygun olmadığı belirtilmiştir. Ancak gözlemler arasında çok uç değerleri temsil ettiği düşünülen gözlemleri ayıklamak mümkündür (İnan, 2000; Tarım, 2001).
- **Serbest Atılabilir Örtü Yaklaşımı (Free Disposal Hull Approach):** Veri zarflamanın özel bir hali olup bu yaklaşımda etkinlik sınırı üzerindeki farklı noktalar arasında bir ikame (yerine konulan başka işletmeler) olmayacağı varsayımıyla bu noktalar sınıra dahil edilmemektedir. Parametrik olmayan yaklaşımlarda gerçekleşen gözlemlerden hareketle etkinlik sınırı belirlendiğinden rassal hata içermemektedir. Dolayısıyla hata terimi tarafından temsil edilen; ölçüm hatası, birimlerin performansının değişkenliği, muhasebe kurallarındaki değişimin etkisi gibi unsurlar dikkate alınmamaktadır. Ancak parametrik yöntemde söz konusu olan tek bağımlı değişkenin açıklanabilmesine

ilişkin sınırın olmaması dolayısıyla birden fazla girdi/çıktı kullanımına imkan vermesi ve belli bir fonksiyonel form oluşturma zorunluluğunun bulunmaması bu yöntemin önemli avantajları olarak görülmektedir (Berger and Humphrey, 1997).

Parametrik yaklaşımla parametrik olmayan yaklaşım arasındaki etkinlik sınırının şekli, hata teriminin varlığı/dağılımı ve etkinsizliğin dağılımına ilişkin farklı varsayımlar nedeniyle iki yönteme göre ölçülen etkinliğin hem derecesi hem de yayılımı farklılaşmakta, aynı işletme iki yöntemde farklı sıralamalar alabilmektedir. Gerçek etkinlik düzeyi belirsiz olduğundan hangi yaklaşımın etkinliği daha iyi ölçtüğüne karar vermek güçtür. Parametrik yaklaşımlara esneklik kazandırma, parametrik olmayan yaklaşımlara ise hata terimi ekleme yönündeki ampirik çalışmalarla söz konusu yaklaşımların kısıtları azaltılmaya çalışılmaktadır (Berger and Humphrey, 1997).

Doğal olarak her yöntemin kendine özgü güçlü ve zayıf yönleri bulunmaktadır. Bir yöntemin zayıf yönlerinin bulunması, o yöntemin gelişmesi için daha fazla yapılması gereken çalışmaların olduğu anlamına gelmektedir. Parametrik olmayan yöntemin güçlü ve zayıf yönleri şöyle sıralanabilir;

Parametrik Olmayan Etkinlik Ölçümlerinin Güçlü Yönleri;

- Parametrik olmayan etkinlik ölçütleri, birçok girdi ve birçok çıktılı üretim ortamlarında işletmenin değişik boyutlarını herhangi bir birleştirme problemi yaratmadan tek bir etkinlik ölçütüne indirgemeye olanak sağlar. Bunu da, seçilen üretim imkân kümesinin ardında yatan varsayımlar aracılığıyla mümkün olduğunca anlamlı bir şekilde gerçekleştirmeye çalışır.

- Parametrik olmayan etkinlik ölçütlerinin büyük bir çoğunluğu, girdi ve çıktı ölçüm birimlerinden bağımsızdırlar. Bu özellikleriyle işletmenin değişik boyutlarının aynı anda ölçülebilmesine imkân sağlamaktadır.

- Parametrik olmayan etkinlik ölçütleri, üretim fonksiyonunun analitik yapısı hakkında herhangi bir önvarsayım gerektirmezler. Bu açıdan, parametreli yöntemlere göre daha esnek bir yapıya sahiptirler.
- Parametrik olmayan etkinlik ölçütleri, her bir karar birimi için göreli etkinliği hesaplarken amaç fonksiyonlarını ayrı ayrı ençoklar ve her bir karar birimi için en uygun çözüm kümesini belirlerler. Oysa parametreli yöntemler endüstri grubunun tümünü göz önüne alıp ortalama etkinliğe göre ölçüm yapmaktadırlar.
- Parametrik olmayan etkinlik ölçütleri, gözlem kümesini etkin olanlar ve olmayanlar gibi iki ana gruba ayırırken, etkin olmayan her bir karar biriminin etkin hale dönüştürülebilmesi için ne çeşit önlemler alınmasına ilişkin önemli bilgiler türeterek işletme yöneticilerine yol gösterirler (Yolalan,1993).

Parametrik olmayan Etkinlik Ölçümlerinin Zayıf Yönleri;

- Parametrik olmayan etkinlik ölçütleri, esas olarak veri tabanlı yöntemler oldukları için, veri hatalarına karşı son derece duyarlıdırlar. Bu nedenle, etkinlik ölçümünde kullanılan diğer istatistikî yöntemlerde olduğu gibi girdi ve çıktı verilerinin olabilecek hatalardan arındırılması için özen gösterilmelidir. Ayrıca, seçilen girdi ve çıktı bileşenlerinin üretim dönüşümünü iyi bir şekilde temsil edemediği durumlarda etkinlik ölçümü başarısız olmaktadır.
- Parametrik olmayan etkinlik ölçütlerinin önerdikleri zarflama tekniği, bazı durumlarda yetersiz kalmaktadır. Özellikle, doğal olarak zarflama imkânının bulunmadığı durumlarda kuramsal karar birimi yeterince anlamlı olmamaktadır.
- Parametrik olmayan etkinlik ölçütleri belirli bir gözlem kümesinden hareketle göreli etkinliği ölçmektedirler. Gözlem kümesindeki aşırı derecede büyük ya da küçük girdi ve çıktı değerlerine sahip olan bazı gözlemler etkinlik sınırının oluşmasında problem yaratabilirler.
- Parametrik olmayan etkinlik ölçütleri, her ne kadar parametrik olmayan sıfatıyla

tanıtılsalar da, çok fazla sayıda karar değişkeninin (girdi ve çıktı ağırlıklarının her bir karar birimi açısından) hesaplanmasına neden olmaktadır. Dolayısıyla çok fazla sayıda parametrenin yorumlanması gereğini beraberinde getirmektedir.

- Parametrik olmayan etkinlik ölçütleri her ne kadar etkin olan ve etkin olmayan karar birimlerini birbirlerinden ayırıyorlarsa da, etkin olan ve etkinlik sınırını oluşturan karar birimlerinin birbirleriyle karşılaştırılmasında yetersiz kalmaktadırlar (Yolalan,1993).

3.5.4. Regresyon analizi ile Veri Zarflama Analizinin kıyaslanması

Geçmişte etkinliği ölçmek için parametrik istatistiksel yöntemlerden regresyon analizi kullanılmıştır. Bu sebeple bu bölümde parametrik olmayan yöntemlerden VZA'nın özelliklerini ön plana çıkarabilmek amacıyla regresyon ile VZA arasındaki bazı farklılıklardan bahsedilecektir.

Geleneksel regresyon yaklaşımlarının aksine, VZA girdi ve çıktılarla ilgili fonksiyonel formların kesin tanımlanmasına ihtiyaç duymaz. Birden çok fonksiyona müsaade eder ve etkin olarak belirlenen KVB'nin çıktılarından ve girdilerinden oluşturulmuş koordinat değerlerinin komşusu olan uygulanabilir fonksiyona yerel bir tahmin sağlanması olarak yorumlanabilir. Başka bir ifadeyle en iyi (etkin) KVB'lere oranla diğer KVB'leri kıyaslar. Bu nedenle, KVB'ler arasındaki üretim fonksiyonlarındaki farklılıklar göz önünde bulundurulduğunda VZA daha esnektir.

İkincisi, VZA istenilen çıktıların üretilebilmesi için girdilerin kullanımından sorumlu sayılan bireysel karar verme birimleri merkezlidir. Bu nedenle geleneksel etkinlik analizinde kullanılan regresyonda tek bir optimizasyon yapılırken VZA'da n adet optimizasyon yapılmaktadır. Dolayısıyla VZA dikkate alınan her KVB'nin kendine özeldir.

Üçüncüsü, tüm regresyon yaklaşımlarının bir eksikliği kaynakları tanımlamaktaki ve bu kaynaklarla ilgili etkinsizlik miktarlarını tahmin etmekteki yetersizlikleridir. Bu nedenle bağımlı değişken etkinsizliklerin var olduğunu gösterdiğinde bile düzeltici işlem olarak hiçbir ipucu sağlanmamıştır. VZA hem kaynakları (girdi ve çıktı) hem de etkinsizlik miktarlarını sağlar.

Dördüncüsü, daha önce tartışıldığı gibi, VZA vasıtası ile elde edilen katsayılar veya ağırlıklar değerlendirme altındaki her bir KVB'nin kendisine özeldir. Bir sınıf ya da grup organizasyona uygulanan regresyon katsayılarına benzer değildirler. Bu nedenle, regresyonda mümkün olabilmesine rağmen VZA bir organizasyonun değerlendirmeye dahil edilmemiş yıllardaki performansını öngörmek için bir model sağlamaz. Regresyon kullanılabilmesine rağmen VZA, modeli geliştirmek için kullanılan veritabanının dışına genişletilecek bir model hazırlamak için kullanılamaz. Sonuçta, eğer sonuçlar bir tek varlık yerine bir varlık sınıfının gelecekteki performansını tahmin etmek ya da öngörmek için kullanılacaksa yada analiz sonuçları ilgili veri kümesinin dışındaki performansı öngörmek için kullanılacaksa regresyon analizi daha uygun olabilir

Diğer bir yandan, regresyon yaklaşımının diğer avantajlarını aşağıdaki şekilde tanımlayabiliriz. Regresyon katsayıları ile yapılabildiği gibi istatistiksel bir önem belirlenemez ve VZA ağırlıklarına eklenemez. Regresyonda olmasına rağmen rasgele hata ya da "e" ifadesi de modelde yoktur. Bu nedenle VZA rasgele dalgalanmaları veride ifade edilen etkinsizliklerle karıştırmaya meyledebilir. Ayrıca, regresyonların kullanımı bu yaklaşım daha bildik olduğu için, anlaması ve kabul edilmesi daha iyi olduğu için avantajlı olabilir (Bowlin, 1998).

BÖLÜM 4

VERİ ZARFLAMA ANALİZİ HAKKINDA GENEL BİLGİLER

Parametrik etkinlik ölçümleri, tamamen etkin olan firmaların üretim fonksiyonlarının bilindiğini varsaymaktadır. Pratikte üretim fonksiyonu asla bilinmediği için Farrell, fonksiyonun örneklemdeki verilerinin kullanılması suretiyle tahmin edilmesini önermiştir. İlk öneri Charnes, Cooper ve Rhodes tarafından değerlendirilmiş ve Veri Zarflama Analizi (VZA) yaklaşımının doğmasına neden olmuştur (Atan, 2005) .

Verimlilik ve etkinlik gibi ölçütleri de içerisinde bulunduran performans ölçümlerini gerçekleştirecek, standart biçime gelmiş güvenli ve geçerli ölçüm tekniklerinin bulunmayışı, hizmet kalitesi ve müşteri memnuniyeti gibi ölçümü zor faktörleri içeren hizmet sektöründe performans ölçümünün daha da güç olması ve analizlerde fonksiyonel form gerektirmemesi VZA'nın öne çıkmasına sebep olmuştur.

Veri Zarflama Analizi, birden çok ve farklı ölçeklerle ölçülmüş ya da farklı ölçü birimlerine sahip girdi ve çıktıların karşılaştırma yapmayı zorlaştırdığı durumlarda, karar verme birimlerinin göreceli etkinliğini ölçmeyi amaçlayan doğrusal programlama tabanlı bir tekniktir. Başka bir ifadeyle çok faktörlü ve homojen yapıdaki karar verme birimlerini (KVB) birbirleriyle kıyaslayarak göreceli olarak verimlilik değerlerini (0 ila 1 arasında) hesaplayan bir ölçüm tekniğidir.

İlk olarak Charnes, Cooper ve Rhodes tarafından ürettikleri mal veya hizmet açısından birbirlerine benzer ekonomik karar verme birimlerinin göreceli etkinliklerinin ölçülmesi amacı ile geliştirilmiştir (Sezen, 2004; Banker,1992) .

Adından da anlaşılacağı gibi karşılaştırılmalı etkinlik analizi için kullanılan VZA'da ilk önce aynı üretim faaliyetlerini gerçekleştiren KVB'lerin doğrusal kombinasyonları ve etkin gözlemlerini içine alan zarflanmış yüzeyleri (etkin sınırı) bulunmaktadır. Daha sonra bu zarflanmış yüzey içinde kalan etkin olmayan birimlerin merkeze olan [7]radyal uzaklıkları ile etkinlik değerleri hesaplamaktadır (Muniz, 2002; Aydagün, 2003).

Bu yöntemin en önemli avantajı, her karar verme biriminin etkinsizlik miktarını ve kaynaklarını tanımlayabilmesidir. Bu özelliği ile yöntem, etkin olmayan birimlerin etkin hale gelebilmeleri için girdilerini ne kadar azaltmaları ve/veya çıktılarını ne kadar arttırmaları konusunda yöneticilere yol gösterebilmektedir.

4.1. VZA'nın Uygulanmasındaki Amaçlar

Veri zarflama analizi uygulamanın temel amaçları şöyle sıralanabilir;

- Her bir KVB için girdi ve çıktı faktörlerinin herhangi birinde göreceli etkinsizlik kaynaklarının ve miktarlarının belirlenmesi,
- Göreceli etkinlik değerlerine göre birimlerin sınıflandırılması,
- Kıyaslanan KVB yönetimlerinin değerlendirilmesi,
- KVB'lerin kontrolleri dışındaki program ve politikaların verimliliklerini değerlendirmek ve program etkinsizliği ile yönetsel etkinsizliği ayırt etmek,
- İncelenen KVB'lerinin istenilen çıktılarını üretmek için sınırlı kaynaklarını yeniden belirlemek,
- KVB'ler arasındaki karşılaştırma ile etkin birimlerin ya da etkin girdi-çıktı setlerinin belirlenmesi,
- Spesifik girdi-çıktı setleri için yürürlükteki standartların gerçekleşen

---

[7] Radyal Uzaklık: Bir noktanın geometrik olarak orijine olan uzaklığı

performansa göre incelenmesi ve gözden geçirilmesi,

- Benzer konularda daha önce yapılmış çalışma sonuçlarının karşılaştırılması.
- Çok sayıda değişken ve kısıtların bir arada değerlendirildiği matematiksel programlama tekniklerini kullandığı için kullanıcıya daha rahat çalışma imkânı sunması,
- Matematiksel programlamanın sahip olduğu geniş teori ve metodoloji birikimi sayesinde yol gösterici analizlerin ve yorumların yapılabilmesine olanak sağlaması (Erkut ve Polat, 1993; Aydemir, 2002).

4.2. VZA'nın Kullanım Alanları

İlk başta kâr amacı gütmeyen kurumların (hastane, silahlı kuvvetler, üniversite vb.) karşılaştırmalı etkinliğinin ölçülmesini hedefleyen bu yöntem, daha sonraları ARGE projelerinde, çok uluslu ya da çok şubeli şirketlerin göreceli performanslarının ölçümünde ve nihayet kâr amaçlı üretim ve hizmet sektörlerinde de işletmeler arası göreceli etkinliğin ölçümünde yaygınca kullanılmaya başlanmıştır. Yöntemin getirdiği en önemli yenilik, birçok girdinin kullanılarak birçok çıktının elde edildiği ortamlarda, parametrik yöntemlerde olduğu gibi önceden belirlenmiş herhangi bir analitik üretim fonksiyonu varlığının öngörülmesine gereksinim duymadan ölçüm yapılabilmesidir. Ayrıca kullanılan girdi ve çıktıların ölçüm birimlerinden bağımsız olması sebebiyle işletmenin değişik boyutlarının aynı zamanda ölçülebilmesini sağlamaktadır (Tarım, 2001).

4.3. VZA'nın Uygulama Aşamaları

4.3.1. Karar Verme Birimlerinin (KVB) seçilmesi

Veri zarflama analizinde dikkate alınan girdi ve çıktılardan oluşan sistem KVB olarak adlandırılmaktadır. KVB'leri girdileri çıktılara dönüştüren birimlerdir ve bu süreçteki performansları çalışmanın konusunu oluşturmaktadır. Bu tanım çerçevesinde, bankalar, hastaneler, okullar, coğrafi bölgeler ve şehirler gibi benzer hizmetleri veren kuruluşlar, KVB'lerini oluşturabilmektedirler.

VZA'nın ilk aşamasında, birbirleriyle karşılaştırmalı etkinlik ölçümü yapılacak olan karar verme birimlerinin seçimi bulunmaktadır. Bu birimlerin üretim teknolojileri açısından birbirine benzer olmaları, diğer bir deyişle gözlem kümesinin homojen olması, elde edilecek sonuçların anlamlı olabilmesi açısından çok önemlidir. Bir grubun homojen olması demek, o grubu oluşturan karar verme birimlerinin aynı girdi - çıktı karmalarına sahip olmaları ve dışsal etkenlerin birbirinden çok farklı olmadığı anlamına gelir.

Gözlem kümesinin içerdiği karar verme birimi sayısının belirli bir değerin üstünde olması ile türetilecek etkinlik ölçütlerinin birbirinden farklı olması olanağı sağlanır. Seçilen girdi sayısı "m", çıktı sayısı da "r" ise araştırmanın güvenilirliği açısından en az "$m + r + 1$" tane karar verme birimi gerekli bir kısıttır. Diğer bir kısıt ise değerlendirmeye alınan karar verme birimi sayısı, değişken (girdi ve çıktı) sayısının en az iki katı olmalıdır. Aksi takdirde, herhangi bir çıktı/girdi oranında avantajlı olan karar verme birimi tüm ağırlıkları kendi açısından en çoklar ve etkinlik sınırına erişir. Bu nedenle, etkinlik ölçümünün anlamlı olabilmesi için gözlem kümesinin seçiminde çok titiz davranılması gerekmektedir (Boussofianee, 1991; Yolalan, 1993).

4.3.2. Girdi ve çıktı kümelerinin seçilmesi

Veri tabanlı bir etkinlik ölçüm tekniği olduğundan, VZA ile yapılacak ölçümün sağlıklı olabilmesi göz önüne alınan girdi ve çıktıların da anlamlı olması ile olasıdır. Bu aşamadaki amaç, üretim teknolojisini en iyi şekilde ifade edebilecek girdi ve çıktıların seçilmesidir (Yolalan, 1993).

VZA modelinin ayrıştırma yeteneğinin etkin olabilmesi için her karar verme biriminde kullanılan girdi ve çıktı sayısının çok olması arzulanır. Doğal olarak, girdi ve çıktı sayısının çok fazla olması karar birimleri sayısının da artmasını gerektirir. Ancak çok sayıda girdi–çıktı kullanımı gözlem kümesinin homojenliğini bozmaktadır. Verilerin ölçüm hatalarından arındırılması da çok önemli bir faktördür. Hangi girdi ve çıktının üretim teknolojisini en iyi şekilde temsil ettiği, çeşitli girdi–çıktı senaryolarının VZA tekniği ile sınanması yoluyla bulunur. Hiç kuşkusuz, üretim sürecini iyi bir şekilde simgeleyemeyen bir girdi–çıktı modeli sonucu elde edilecek etkinlik ölçütleri de son derece sağlıksız olacaktır (Boussofianee, 1991; Yolalan, 1993).

4.3.3. VZA ile göreceli etkinlik ölçümü

Karar verme birimleri ve girdi–çıktı kümeleri seçildikten sonra, mevcut üretim ortamı için en uygun olan VZA modeli seçilir. Her bir karar verme birimi için ilgili (Ağırlıklı Model ya da Zarflama Modeli) doğrusal program çözülerek çözüm kümelerine ulaşılır.

VZA 'nın göreceli etkinliği ölçme şekli iki aşamalı olarak kısaca şu şekilde özetlenebilir:

- Herhangi bir gözlem kümesi içinde en az girdi bileşimini kullanarak en çok çıktı bileşimini üreten "en iyi" gözlemleri (ya da etkinlik sınırını oluşturan KVB'leri) belirler.

- Söz konusu sınırı "referans" olarak kabul edip, etkin olmayan KVB'lerin bu sınıra olan uzaklıklarını (ya da etkinlik düzeylerini) "radyal" olarak ölçer (Yolalan, 1993).

4.3.4. Her bir KVB için detay analizi

Doğrusal programlardan elde edilen çözüm kümelerinin ışığı altında, etkin olmayan her bir karar verme biriminin yöneticisine işletmesini etkin duruma dönüştürülebilmesi için ne gibi önlemler alması gerektiğine değin bilgiler türetilir (Yolalan, 1993).

4.3.5. Sonuçların değerlendirilmesi

VZA 'nin sonuçları, yönetsel açıdan son derece önemli bilgiler içerir. VZA analizi incelenen setteki her karar verme biriminin diğerlerine göre etkinliğini verir. Doğrusal programlamanın sonucunda amaç fonksiyonu 1 'e eşit ise KVB'ler etkin, 1'e eşit olmayan KVB'ler etkinsiz olarak tespit edilir. Böylece, etkinliği düşük olan KVB'ler belirlenir ve bunların etkinliklerinin ne ölçüde artabileceğine ilişkin veriler elde edilir. Yönetim dikkatini etkinliği en düşük olan birimler üzerine toplayabilir. Eğer bir KVB etkin değilse, VZA bu birimin etkinliğini artırabilmek için gerekli olan stratejileri etkin KVB'leri referans vererek önerir. Bu bilgiler ışığında yönetim, etkin olmayan KVB'nin hangi girdileri gereğinden ne kadar fazla kullandığı, hangi çıktılar açısından ne ölçüde yetersiz üretim yaptığı ve etkin olması için ne yapması gerektiği hakkında değerlendirme yapabilir (Tarım, 2001).

4.4. Farklı Veri Zarflama Analizi Modelleri

Farrell'in (1957)'deki tek girdi/çıktı teknik etkinlik ölçümünü çoklu girdi/çıktı göreceli etkinlik ölçümüne genişleten Charnes, Cooper ve Rhodes (1978), CCR modeli olarak Veri Zarflama Analizini literatüre sokmuşlardır. VZA'nın geliştirildiği tarihten itibaren yeni ve değişen ihtiyaçlara karşılık olarak modelde bazı değişiklikler yapılmıştır. Yapılan değişiklikler sonucunda ortaya çıkan CCR modelinin uzantıları aşağıda sıralandığı gibidir;

- BCC Modeli,
- Toplamsal Model,
- Çarpımsal Model,
- Etkinlik Ölçümünün Üstün Modeli,
- Güvenli Bölge Ve Polihedral Koni Oran Modeli,
- Kategorik Değişken Modeli ve
- Kontrol Edilemeyen Değişken Modeli

Bu bölümdeki amaç, yeni modelleri tanıtmak ve hangi amaçla tasarlandıklarını açıklamaktır. VZA gelişimini açıklayan ilk model olması sebebiyle CCR modeli, analizlerimizde kontrol edilmeyen değişkenlerin özellikle dikkate alınması sebebiyle Kontrol Edilemeyen Değişken modeli ve bu modellerin temelini oluşturan BCC modeli hakkında daha ayrıntılı bilgi verilecektir.

4.4.1. CCR Modeli

Charnes ve diğerleri (1978) tarafından geliştirilen model kişilerin isimlerinin baş harflerine göre CCR olarak adlandırılmıştır. Bu model ölçeğe göre sabit getiri varsayımı altında geliştirilmiştir. Ölçeğe göre sabit getiride; girdi vektöründeki herhangi bir radyal artış (bütün girdi bileşenlerinin aynı oranda artışı) çıktı vektöründe aynı oranda bir radyal artışa neden olmaktadır. Başka bir ifadeyle üretim ölçeğindeki değişimler verimliliği etkilememektedir.

VZA olarak adlandırılan parametrik olmayan programlama yaklaşımı, esas olarak kesirli programlama (Fractional Programming) formundadır. Kesirli programlama için doğrusal programlama modellerinin çözümünü veren Simplex Algoritması'na benzer bir standart yöntem bulunmadığından, matematiksel programlama modelinin özel yapısı kullanılarak, kesirli programlama modelini doğrusal programlama modeline dönüştürmek mümkündür. Etkinlik analizi ile ilgili literatür incelendiğinde, VZA için verilen formülasyonların tamamının doğrusal programlama formunda olduğu görülür. VZA'nın gelişimini inceleyebilmek açısından önce orijinal kesirli programlama modeli daha sonra ise diğer özellikleri açıklanacaktır.

4.4.1.1. Kesirli Veri Zarflama Analizi modeli

Tek girdi ve çıktının olması durumunda verimlilik ölçümünü veren kesirli (oransal) model, etkinlik ölçümünün dolayısıyla VZA'nın temelini oluşturmaktadır.

$$\theta = \frac{\text{Çıktı}}{\text{Girdi}}$$

Çoklu girdi ve çıktının olması durumunda ise θ'nın etkinliği sadece kıyaslama ile elde edilebilecek göreceli bir ölçümdür. Yukarıdaki formül kullanılarak yapılan kıyaslamalarda çıktının sabit tutulması durumunda θ'nın büyük (küçük) çıkması, daha az (fazla) girdi kullanılarak performansın arttırılabildiği (azaltılabileceği) anlamına gelmektedir. Bu sebeple etkinlik ölçümünün temelini verimlilik oluşturmaktadır (Bluemenberg, 2004b).

Tek girdi ve tek çıktının bulunduğu durumlarda bu formülü kullanmak mümkündür. Fakat KVB'ler çoğu zaman birden fazla girdi veya çıktıya sahiptirler. Buna göre "*n*" adet KVB'nin, "*s*" adet çıktıyı, "*m*" adet girdi kullanarak ürettiği düşünülürse herhangi bir KVB'nin göreceli etkinliği, bir araya getirilmiş ağırlıklı çıktıların yine bir araya getirilmiş ağırlıklı girdilerine oranlanmasıyla elde edilir. Aynı işlem "*k*" adet benzer işi yapan KVB için yapıldığında her birimin etkinliği bulunmaktadır. Ancak bu tip bir değerlendirmede verilecek ağırlık objektif olmayabilecektir. Her KVB'ye kendi girdi-çıktı ağırlıklarını verme şansı tanınsa, tüm birimler muhtemelen en iyi oldukları çıktıların ağırlığını en yüksek vereceklerdir. Bu noktada etkinlik ölçme probleminde bir yol ayrımına gelinmektedir. Birinci seçenek; her problem için özel ağırlık setlerini belirlemeye çalışmaktır. Fakat bu durumsal bir süreç olduğundan her problemde kullanılabilecek genel bir yöntem bulmak mümkün değildir. İkinci seçenek ise doğru ağırlık setini bulmaya çalışmaktan ziyade, tüm organizasyonel birimlerin göreceli etkinliklerini bulmaya çalışmaktır (Ulucan, 2002).

VZA'nın ana fikri her bir KVB'nin kendi ağırlık setini oluşturmasına müsaade etmesidir. Bu anlamda karar verme birimi "*k*", ağırlıklarını kendi toplam faktör verimliliğini maksimize edecek şekilde seçebilmekte ve de kendi özel durumunu etkinlik analizi çerçevesinde tanımlaması mümkün olabilmektedir. KVB'lerinin kendilerini etkin yapacak ağırlıkları seçerken taraflı olmalarını engelleyebilmek için probleme iki kısıt eklenmiştir. Bu kısıtlardan ilkine göre karar verme birimleri ağırlıklarını öyle seçmelidirler ki, seçtikleri ağırlıklar kullanılarak diğer karar verme birimlerinin etkinliği ölçüldüğünde hiçbir karar verme biriminin etkinliği 1'i (%100'ü) geçmemelidir. Aksi halde karar verme birimi "*k*" için toplam faktör verimlilik değeri sınırsız bulunacaktır. Ayrıca, karar verme birimi "*k*"nın elde ettiği etkinlik skorunun diğer karar verme birimlerinin skorları çerçevesinde normalize edilmesi gerekir. İkincisine göre de, hiçbir ağırlık negatif değer taşımamalıdır (Ulucan, 2002; Tarım, 2001).

Kümeler

s üretimden elde edilen çıktı sayısı,

m üretimde kullanılan girdi sayısı,

$k \in \{1,2,....,n\}$ dikkate alınan karar verme birimi seti,

$j \in \{1,2,....,n\}$ karar verme birimi seti,

$r \in \{1,2,....,s\}$ tüm çıktıların seti,

$i \in \{1,2,....,m\}$ tüm girdilerin seti,

$l \in \{1,2,....,p\}$ tüm kontrol edilemeyen faktör seti,

Parametreler

Y_{rk} etkinliği ölçülen "*k*" karar birimine ait r'inci çıktı miktarı,

Y_{rj} j karar verme birimi tarafından üretilen r'inci çıktı miktarı,

X_{ik} etkinliği ölçülen "*k*" karar birimine ait i'inci girdi miktarı,

X_{ij} j karar verme birimi tarafından kullanılan i'inci girdi miktarı,

Değişkenler

u_{rk} k karar verme biriminin r'inci çıktı miktarı için vereceği ağırlık,

v_{ik} k karar verme biriminin i'inci girdi miktarı için vereceği ağırlık,

Amaç Fonksiyonu

Temel etkinlik formülüne göre sanal girdi ve çıktılar bilinmeyen ağırlıklar (u_r, v_i) altında aşağıdaki gibi tanımlanmıştır. Buradaki sanal çıktı; karar verme biriminin bütün çıktılarının toplamını her biri farklı ağırlıkta olmak üzere bir çıktı gibi ifade etmektedir. Aynı şekilde sanal girdi de; birimlerin bütün girdilerinin toplamını her birinin ağırlık katsayılarını da göz önünde tutarak bir girdi gibi ifade etmektedir.

$$\frac{\text{Çıktı}}{\text{Girdi}} = \frac{u_{1k}Y_{1k} + u_{2k}Y_{2k} + \ldots\ldots + u_{sk}Y_{sk}}{v_{1k}X_{1k} + v_{2k}X_{2k} + \ldots\ldots + v_{mk}X_{mk}}$$

m adet girdisi ve *s* adet çıktısı olan *n* adet organizasyonel karar verme birimi için maksimize edilecek sanal çıktı / sanal girdi oranının matematiksel ifadesi aşağıdaki gibidir;

$$\max h_k = \frac{\sum_{r=1}^{s} u_{rk} \cdot Y_{rk}}{\sum_{i=1}^{m} v_{ik} \cdot X_{ik}}$$

h_k Dikkate alınan "*k*" KVB'nin sanal girdi ve sanal çıktı değerine göre elde edilen etkinlik değeri,

Kısıtlar

Karar verme birimi "*k*" ağırlıklarını kendi toplam faktör verimliliğini maksimize edecek şekilde seçebilmelidir. Böylece, her karar biriminin kendi özel durumunu etkinlik analizi çerçevesinde tanımlaması mümkün olmaktadır. Ancak, karar birimi "*k*"nın seçtiği ağırlık kümesinin diğer karar birimlerine uygulandığında hiçbir karar biriminin toplam faktör verimliliği 1'in üzerine çıkmamalıdır. Aksi halde karar birimi "*k*" için toplam faktör verimlilik değeri sınırsız bulunur. Etkinlik skorlarının belirli bir aralıkta olması için sınır getirilmesi gerekmektedir. Bu üst sınır 1 olarak seçilmiştir. Ayrıca, karar birimi "*k*"nın elde ettiği etkinlik skorunun diğer karar birimlerinin skorları çerçevesinde normalize edilmesi gerekir. Bu kısıt şu şekilde ifade edilebilir;

$$\frac{\sum_{r=1}^{s} u_{rk} \cdot Y_{rj}}{\sum_{i=1}^{m} v_{ik} \cdot X_{ij}} \leq 1 \quad ; \quad \forall j = 1,2,\ldots,n;\ \forall k = 1,2,\ldots,n$$

Son olarak kullanılacak girdi ve çıktı ağırlıklarının negatif olmaması gerekmektedir. Bu koşulu sağlayan kısıt da aşağıda verilmiştir;

$u_{rk} \geq 0$; $\quad r = 1,2,....,s; k = 1,2,....,n$

$v_{ik} \geq 0$; $\quad i = 1,2,....,m; k = 1,2,....,n$

Bu programın amaç fonksiyonundaki oran her ne kadar ağırlıklı çıktının ağırlıklı girdiye oranını ya da verimlilik kavramını yansıtmaktaysa da, doğrusal bir ifade olmadığından dolayı çözüm tekniği açısından bazı problemlerle karşılaşılmaktadır. Charnes ve Cooper (1962)'ın önerdiği değişken dönüşümü yardımıyla yukarıdaki kesirli VZA modeli, VZA'nın çarpan modeli olarak isimlendirilen doğrusal forma çevrilebilmektedir (Yolalan, 1993).

4.4.1.2. Veri Zarflama Analizi'nin çarpan modeli

Veri zarflama analizi'nin çarpan modeli olarak da isimlendirilen bu modelde kesirli programlama modeli, çözümü daha kolay olan doğrusal programlama (Linear Programming) modeline dönüştürülerek, simplex ve benzeri algoritmalar yardımıyla kolaylıkla çözülebilmektedir. (Cooper et al, 2000).

Charnes ve diğerleri (1978) tarafından geliştirilen eşitsizlik setini doğrusal forma çevirmek aşağıda açıklanan işlemler gerçekleştirilir;

Amaç Fonksiyonu

Kesirli VZA modelindeki amaç fonksiyonunun paydası 1'e eşitlenip bir kısıt haline getirdikten sonra geriye kalan pay çarpan modelinin amaç fonksiyonunu oluşturulacaktır.

$$\max h_k = \sum_{r=1}^{s} u_{rk} \cdot Y_{rk}$$

Kısıtlar

VZA'nın çarpan modelinin ilk kısıtı; kesirli programlama modelinde verilen kısıtın her iki tarafının payda değeri ile çarpılarak düzenlenmesi sonucunda bulunur. Paydada yer alan değer pozitif bir reel sayı olduğundan eşitsizliğin her iki tarafının da aynı reel sayı ile çarpılması eşitsizliği bozmayacaktır (Tarım, 2001; Ulucan, 2002).

İkinci kısıt ise kesirli programlamanın amaç fonksiyonunun paydasından gelen kısıttır. Olağan bir şekilde girdi ve çıktı ağırlıklarının da negatif olmaması gerekmektedir.

$$\sum_{r=1}^{s} u_{rk} \cdot Y_{rj} - \sum_{i=1}^{m} v_{ik} \cdot X_{ij} \leq 0 \quad ; \quad j = 1,2,....,n; \; k = 1,2,....,n$$

$$\sum_{i=1}^{m} v_{ik} \cdot X_{ik} = 1$$

$$u_{rk} \geq 0 \quad ; \quad r = 1,2,....,s$$

$$v_{ik} \geq 0 \quad ; \quad i = 1,2,....,m$$

VZA analizinin sonuçlarını alabilmek için model her karar verme biriminin kendi parametreleriyle yeniden çözülmelidir. Çarpan modelin çözümü sonucunda, etkinliği ölçülen "k" karar verme birimi için $h_k^* = 1$, $v_{ik}^* > 0$ ve $u_{rk}^* > 0$ olmak üzere en az bir v^*, u^* optimal çözümü varsa karar verme birimi "k" etkindir. Diğer durumlarda ise "k" karar verme birimi etkin değildir. Etkin olmayan bir karar verme birimi için $j \in \{1,2,....,n\}$ ve $\Re_k = \left\{ j : \sum_{r=1}^{s} u_{rk}^* \cdot Y_{rj} = \sum_{i=1}^{m} v_{ik}^* \cdot X_{ij} \right\}$ olacak şekilde bir $\Re_k$ kümesi tanımlanacak olursa bu küme karar verme birimi "k" için referans kümesini oluşturacaktır.

Bu küme aynı zamanda etkinlik sınırını oluşturan kümenin de bir alt kümesidir. Her ne kadar bulunan ağırlık değerleri karar verme birimi "k" için seçilmiş olsalar da başka karar verme birimleri için bu ağırlıklar daha uygun olabilmekte ve kısıtın her iki tarafını eşitleyerek etkinlik değerini 1 yapabilmektedir. İşte bu tip karar verme birimleri sınır üzerinde yer alarak "*k*" karar verme birimi için referans kümesini ya da diğer bir deyişle rol modellerini tanımlarlar. Bu durumda etkin olmayan karar verme birimi "*k*", girdilerini belirli bir oranda azaltarak kendisine referans olan bu karar verme birimlerinin doğrusal kombinasyonları sonucunda oluşan ve etkin olan karar verme birimine benzemeye çalışacaktır.

Kısıt sayısının daha az olması ve yönetsel açıdan önemli bilgiler içermesi nedeniyle çarpan modelinin dual formu da incelenmelidir. Zarflama modeli olarak da adlandırılan bu model aşağıda anlatılmaktadır (Cooper et al, 2000; Tarım, 2001).

4.4.1.3. Veri Zarflama Analizi'nin zarflama modeli

Her doğrusal programlama probleminin ilişkili olduğu bir dual (ikil) problemi olduğu gibi veri zarflama analizindeki çarpan modelinin duali de zarflama modeli olarak isimlendirilmektedir. Primal (asıl) ve dual (ikil) modellerden elde edilen sonuçlarda olduğu gibi çarpan model ile zarflama modellinin amaç fonksiyonlarının optimal değerleri aynı olacaktır.

VZA'nın Zarflama Modeli;

- Etkin olmayan birimlerin hangi birimlere göre etkin olmadıklarını ve etkin olmak için girdi ve çıktı düzeylerinde neler yapmaları gerektiği belirler,
- Çarpan modele göre problemin çözümünde daha az matematiksel işlem gerektirir,
- Önemli ekonomik yorumların yapılmasını sağlar (Öztürk, 2002; Ulucan, 2002).

Yukarıda sözü edilen avantajları sebebiyle yapılan analizlerde zarflama modeli kullanılacaktır. Etkin referans setlerinin belirlenmesinde destek sağlayan zarflama modeli, aşağıda bahsedildiği gibidir;

Amaç Fonksiyonu

Burada amaç; girdi minimizasyonu altında, çıktıları sabit tutarak girdileri minimum yapmaya çalışmaktır. Kurulan modelin amaç fonksiyonu aşağıdaki gibidir;

$$\min \theta_k$$

Kısıtlar

İlk kısıt sabit tutulan çıktıların karşılaştırmasını ifade etmektedir. Bu kısıt ile her bir *j*. KVB'nin *r*. çıktısı, etkin sınırı oluşturan işletmelerin *r*. çıktısının maksimum lineer kombinasyonundan daha büyük olmayacaktır. İkinci kısıtta ise KVB'lerindeki girdilerin minimum yapılmaya çalışıldığı gösterilmektedir. Her bir *j*. KVB'nin *i* girdisi, tüm işletmeler tarafından kullanılan *i*. girdinin ağırlıklı lineer kombinasyonu ile oluşturulan seviyeden daha küçük bir girdi seviyesi θ_k vasıtasıyla ölçülebilecektir.

$$\sum_{j=1}^{n} \lambda_{jk} \cdot Y_{rj} - s_{rk}^{+} = Y_{rk} \quad ; \quad r = 1,2,....,s$$

$$\sum_{j=1}^{n} \lambda_{jk} \cdot X_{ij} + s_{ik}^{-} = \theta_k \cdot X_{ik} \quad ; \quad i = 1,2,....,m$$

$$\lambda_j, s_{ik}^{-}, s_{rk}^{+} \geq 0 \quad ; \quad j = 1,2,....,n$$

$$-\infty < \theta_k < \infty$$

n karşılaştırmanın yapıldığı KVB'lerin sayısı,

s üretimden elde edilen çıktı sayısı,

m üretimde kullanılan girdi sayısı,

$k \in \{1,2,....,n\}$ dikkate alınan KVB seti,

$j \in$ $\{1,2,....,n\}$ tüm KVB seti,

$r \in$ $\{1,2,....,s\}$ tüm çıktıların seti,

$i \in$ $\{1,2,....,m\}$ tüm girdilerin seti,

θ_k girdiye yönelik zarflama modelinde en iyi sınırı elde etmek için dikkate alınan "*k*" KVB'nin etkinlik değeri,

λ_{jk} girdiye yönelik modelde etkinliği ölçülen "*k*" karar biriminin diğer birimlere (*j*) göre aldığı ağırlık değeri,

Y_{rj} *j* KVB tarafından üretilen *r*'inci çıktı miktarı,

Y_{rk} etkinliği ölçülen "*k*" karar birimine ait *r*'inci çıktı miktarı,

s_{rk}^{+} *k* KVB'nin *r*'inci çıktısına (VZA ile "radyal" olarak ölçülemeyen fakat arttırılması mümkün olan) ait atıl değer (yeterli miktarda üretilmeyen çıktı),

X_{ij} *j* karar verme birimi tarafından kullanılan *i*'inci girdi miktarı,

X_{ik} etkinliği ölçülen "*k*" karar birimine ait *i*'inci girdi miktarı,

s_{ik}^{-} *k* KVB'nin i'inci girdisine (VZA ile "radyal" olarak ölçülemeyen fakat azaltılması mümkün olan) ait atıl değer (fazla miktardaki kontrol edilebilen girdi),

Dual modelde yer alan θ_k ve λ_{jk} dual değişkenleri yönetsel açıdan önemli bilgiler içermektedir. Dual değişken θ_k 'nın yorumlanması kolaydır. Dikkat edilecek olursa θ_k negatif veya pozitif tüm reel değerleri alabilmektedir. Öte yandan, dualite teorisinden bilindiği üzere optimal bir çözümün bulunması durumunda çarpan model ile zarflama modelinin amaç fonksiyonlarının değeri bir birine eşittir. Çarpan modelin amaç fonksiyonu etkinlik skorunu verdiği ve etkinlik skoru negatif bir değer olamayacağı için θ_k dual değişkeni sınırsız olarak tanımlansa dahi alabileceği değerler negatif olmayanlar ile sınırlıdır. $\theta_k = 0$ olması durumunda ise bir çelişkinin ortaya çıktığı görülmektedir. θ_k'nın sıfır olması durumunda;

$$\sum_{j=1}^{n} \lambda_{jk} \cdot X_{ij} = 0$$

bulunur. Toplam ifadesinde yer alan X_{ij}'ler pozitif oldukları için eşitsizlik sadece ve sadece $\lambda_{jk} = 0$ durumunda sağlanır. Sonuç olarak, θ_k sıfır değerini de alamayacağından θ_k'nın tanım kümesi (0,1] olarak bulunur (Cooper et al., 2000; Tarım, 2001).

Dual değişken λ_{jk} ise referans kümenin belirlenmesinde kullanılır. $\lambda_{jk} > 0$ olan karar birimleri etkin olarak değerlendirilir ve bu karar birimleri, etkin olmayanlar için referans kümesini oluştururlar. Genellikle, eğer "*k*" etkin ise, o zaman referans kümesindeki tek karar birimi kendisi olacaktır ve dual değişken, λ_{kk} 'nın değeri 1.0'a eşit bulunacaktır.

Zarflama modelinin çözümü sonucunda elde edilen optimal değerler θ_k^*, s_{ik}^{-*} ve s_{rk}^{+*} şeklinde tanımlanırsa, etkinliği ölçülen KVB "k" için aşağıdaki durumlardan biri geçerli olacaktır (Copper et al., 2000).

- $\theta_k^* < 1$ ise KVB "*k*" etkin değildir.
- Eğer $\theta_k^* = 1$ ve [8]aylak değişkenlerden herhangi birinin değeri sıfırdan farklı ise ($s_{ik}^{-*} \neq 0$, $s_{rk}^{+*} \neq 0$) KVB "*k*" etkin değildir. Tümleyici aylaklık teoremi gereği, zarflama modelindeki pozitif aylak değişkenlere karşılık gelen, çarpan

[8] Aylak Değişken: Atıl girdi değeri (fazla kullanılmış kontrol edilebilen girdi miktarı).

modelindeki v_{ik}^* ve u_{rk}^* değişkenleri sıfıra eşit olmak zorundadır. Bu değişkenlerden (v_{ik}^* ve u_{rk}^*) birinin sıfır olması durumunda ise $\theta_k^* = 1$ olsa dahi KVB "*k*" tam etkin olarak değerlendirilmez.

- Eğer $\theta_k^* = 1$ ve tüm aylak değişkenler sıfır ise ($s_{ik}^{-*} = 0$, $s_{rk}^{+*} = 0$) tümleyici aylaklık teoremi gereği, aylak değişkenlere karşılık gelen tüm v_{ik}^* ve u_{rk}^* pozitif olacağından KVB "*k*" etkin olarak değerlendirilir (Kaynar ve ark., 2005).

$\lambda_{jk}^* > 0$ değerini alan tüm KVB'leri, etkin olmayan "*k*" KVB'inin referans kümesini oluştururlar. Bu küme $\Re_k = \left\{ j \mid \lambda_{jk}^* > 0, j \in (1,2,.....,n) \right\}$ şeklinde ifade edilir.

Optimum çözüm aşağıdaki gibi ifade edilmektedir;

$$\sum_{j \in \Re}^{n} \lambda_{jk} \cdot Y_{rj} - s_{rk}^{+*} = Y_{rk} \qquad ; \qquad r = 1,2,....,s$$

$$\sum_{j \in \Re}^{n} \lambda_{jk} \cdot X_{ij} + s_{ik}^{-*} = \theta_k^* \cdot X_{ik} \qquad ; \qquad i = 1,2,....,m$$

Buna göre;

$$\sum_{j \in \Re}^{n} \lambda_{jk} \cdot Y_{rj} = Y_{rk} + s_{rk}^{+*} \qquad ; \qquad r = 1,2,....,s$$

$$\sum_{j \in \Re}^{n} \lambda_{jk} \cdot X_{ij} = \theta_k^* \cdot X_{ik} - s_{ik}^{-*} \qquad ; \qquad i = 1,2,....,m$$

olacaktır.

Eğer "k" KVB girdi ve çıktılarını, referans küme içerisindeki KVB'lerinin doğrusal kombinasyonları ile oluşturulacak rol modelin girdi ve çıktılarıyla aynı yapabilirse etkin duruma gelebilecektir. Rol modelin koordinatları $\hat{X}_{ik}, \hat{Y}_{rk}$ şeklinde tanımlanırsa;

$$\hat{X}_{ik} = \sum_{j \in \Re_k} X_{ij} \cdot \lambda_{jk} \text{ ve } \hat{Y}_{rk} = \sum_{j \in \Re_k} Y_{rj} \cdot \lambda_{jk}$$

şeklinde ifade edilir. Rol model KVB "k" 'ya oranla daha az girdi kullanarak daha çok çıktı üretmiş ve etkin olarak değerlendirilmiştir. Rol modelin koordinatları etkinlik skoru ve aylak değişkenler yardımıyla da tanımlanabilir. Bu durumda $\hat{X}_{ik} = \theta_k^* \cdot X_{ik} - s_{ik}^{-*}$, $\hat{Y}_{rk} = Y_{rk} + s_{rk}^{+*}$ şeklinde ifade edilir. Verilen ifadeye göre etkin olmayan KVB k, eğer tüm girdilerini θ_k^* oranında daraltır ve girdilerindeki fazlalıkları (s_{ik}^{-*}) çıkarabilirse, rol modelle aynı girdilere sahip olacaktır. Benzer şekilde eğer çıktılardaki eksiliğini, aylak değişkenler (s_{rk}^{+*}) kadar artırabilirse rol modeli ile aynı çıktı vektörüne sahip olacaktır. Sonuç olarak KVB "k", girdi ve çıktılarında bahsedilen iyileştirmeleri gerçekleştirdiği takdirde etkin olarak değerlendirilecektir (Cooper et al., 2000).

4.4.1.4. Girdiye veya çıktıya yönelik Veri Zarflama Analizi

Etkinliğin tanımı ağırlıklı çıktıların ağırlıklı girdilere oranı olduğuna göre karar verme birimlerinin göreceli etkinliğini hesaplamanın iki muhtemel yolu vardır. Bunların ilki girdilerin ağırlıklı toplamlarını sınırlandırarak çıktıların maksimizasyonunu sağlayan "çıktıya yönelik veri zarflama analizi". İkincisi ise; çıktıların ağırlıklı toplamını kısıtlayarak ihtiyaç duyulan girdilerin minimizasyonunu sağlayan "girdiye yönelik veri zarflama analizi"dir (Al-Shammari, 1999).

Yukarıda Charnes ve diğerleri (1978) tarafından geliştirilen modelin girdiye yönelik olan kısmından bahsedilmiş ve çıktılar sabit tutularak azaltılacak girdi miktarının tespiti amaçlanmıştır. Bundan sonraki bölümde ise girdiler sabit tutularak arttırılacak girdi miktarının tespitini amaçlayan çıktıya yönelik VZA modelleri tanıtılacaktır.

Çıktıya yönelik kesirli programlama modeli, girdiye yönelik olarak verilen modele çok benzemektedir.

Amaç Fonksiyonu

Burada girdiye yönelik modelin amaç fonksiyonundaki pay ile paydanın yer değiştirdiği ve fonksiyonun maksimum yerine minimum olduğu görülmektedir.

$$\min \frac{\sum_{i=1}^{m} v_{ik} \cdot X_{ik}}{\sum_{r=1}^{s} u_{rk} \cdot Y_{rk}}$$

Kısıtlar

Amaç fonksiyonu için yapılan değişikliğe benzer şekilde buradaki kısıtta da pay ile paydanın yer değiştirdiği gözlenmektedir. Diğer kısıtlar ise negatif olmama koşulunu sağlamaktadırlar.

$$\frac{\sum_{i=1}^{m} v_{ik} \cdot X_{ij}}{\sum_{r=1}^{s} u_{rk} \cdot Y_{rj}} \geq 1 \quad ; \quad j = 1,2,....,n$$

$$u_{rk}, v_{ik} \geq 0 \quad ; \quad \forall \text{ r,i}$$

Kısıtlardan dolayı amaç fonksiyonunun değeri 1.0'den daha küçük olamaz. Eğer amaç fonksiyonun değeri 1.0 olarak bulunursa KVB'nin etkin olduğuna 1.0'dan daha büyük bir değer bulunması durumda ise KVB'nin etkin olmadığına karar verilir. KVB'leri için bulunacak olan faktör ağırlıkları ile ilgili yorumlar girdiye yönelik

VZA modeli için yapılan yorumlarla aynıdır. Çıktıya yönelik VZA'nın çarpan ve zarflama modelleri aşağıda verilmiştir (Çizelge 4.1).

Çizelge 4.1 Çıktıya yönelik CCR-VZA'nın çarpan ve zarflama modelleri

Çarpan Modeli		Zarflama Modeli	
Amaç Fonksiyonu		Amaç Fonksiyonu	
$Min\sum_{i=1}^{m} v_{ik} \cdot X_{ik}$		$\max \varphi_k$	
Kısıtlar		Kısıtlar	
$\sum_{r=1}^{s} u_{rk} \cdot Y_{rk} = 1$		$\sum_{j=1}^{n} \mu_{jk} \cdot Y_{rj} - s_{rk}^{+} = \varphi_k \cdot Y_{rk}$	; r = 1,2,....,s
$\sum_{r=1}^{s} u_{rk} \cdot Y_{rj} - \sum_{i=1}^{m} v_{ik} \cdot X_{ij} \leq 0$	; j = 1,2,.....,n	$\sum_{j=1}^{n} \mu_{jk} \cdot X_{ij} + s_{ik}^{-} = X_{ik}$	; i = 1,2,....,m
$u_{rk}, v_{ik} \geq 0$	; ∀ i, r	$s_{ik}^{-*}, s_{rk}^{+*}, \mu_{jk} \geq 0$	; ∀ i, r, j

n karşılaştırmanın yapıldığı KVB'lerin sayısı,

s üretimden elde edilen çıktı sayısı,

m üretimde kullanılan girdi sayısı,

$k \in$ *{1,2,....,n}* dikkate alınan KVB seti,

$j \in$ *{1,2,....,n}* tüm karar verme birimleri seti,

$r \in$ *{1,2,....,s}* tüm çıktıların seti,

$i \in$ *{1,2,....,m}* tüm girdilerin seti,

φ_k çıktıya yönelik zarflama modelinde en iyi sınırı elde etmek için dikkate alınan KVB'nin etkinlik değeri,

μ_{jk} çıktıya yönelik modelde etkinliği ölçülen "*k*" karar biriminin diğer birimlere (*j*) göre aldığı ağırlık değeri,

u_{rk} *k* KVB'nin *r*'inci çıktı miktarı için vereceği ağırlık,

v_{ik} *k* KVB'nin *i*'inci girdi miktarı için vereceği ağırlık,

Y_{rj} *j* KVB tarafından üretilen *r*'inci çıktı miktarı,

Y_{rk} etkinliği ölçülen "*k*" KVB ait *r*'inci çıktı miktarı,

s_{rk}^{+} *k* KVB'nin "**r**"inci çıktısına (VZA ile "radyal" olarak ölçülemeyen fakat arttırılması mümkün olan) ait atıl değer (yeterli miktarda üretilmeyen çıktı),

X_{ij} *j* KVB tarafından kullanılan *i*'inci girdi miktarı,

X_{ik} etkinliği ölçülen "*k*" KVB'ye ait *i*'inci girdi miktarı,

s_{ik}^{-} *k* KVB'nin *i*'inci girdisine (VZA ile "radyal" olarak ölçülemeyen fakat azaltılması mümkün olan) ait atıl değer (fazla miktarda kullanılan girdi),

Girdi yönelimli zarflama modeli ile çıktı yönelimli zarflama modeli arasında $\lambda = 1/\mu$ ve $\theta = 1/\varphi$ olacak şekilde sıkı bir ilişki vardır. Gerekli dönüşümler yapılarak iki model arasında geçiş yapılabilir. Girdi odaklı modelin çözülmesi ile çıktı odaklı modelin çözüm kümesi de elde edilebilir ($\lambda^{*} = 1/\mu^{*}$, $\theta^{*} = 1/\varphi^{*}$).

$\theta^{*} \leq 1$ olma şartı $\varphi^{*} \geq 1$ olma şartını beraberinde getirir. Ölçeğe göre sabit getiri durumunda KVB'lerinin etkinlik değerleri girdiye ve çıktıya yönelik olarak değişiklik göstermez. Çıktıya yönelik modellerde sınır içerisinde yer alan ve etkin olmayan birimler için $\varphi^{*} > 1$olur. Dual modellerde θ^{*} değeri girdi vektörü için minimum radyal daralmayı ifade ederken φ^{*} değeri ise çıktı vektörü için maksimum radyal genişleme oranını ifade eder. Kısacası çözüm sonucunda bulunan φ^{*} genişleme oranının tersi, ilgili KVB için etkinlik değerini verecektir. Dolayısı ile KVB'lerinin etkinliği yine $0 < 1/\varphi^{*} \leq 1$ aralığında kalacaktır. φ^{*} değeri ne kadar büyük olursa ilgili karar verme birimi için etkinlik değeri o oranda küçük olacaktır. Eğer $\varphi^{*} = 1$ ve tüm aylak değişkenlerin değeri sıfır ise çıktı vektöründe herhangi bir genişlemeye ihtiyaç olmadığı ve ilgili KVB'nin etkin sınır üzerinde yer aldığı söylenebilir (Kaynar ve ark., 2005).

4.4.2. BCC Modeli

Charnes ve diğerleri (1978) tarafından geliştirilen ve yukarıda matematiksel formu verilen CCR modelleri, ölçeğe göre sabit getiri varsayımı altında KVB'lerinin toplam etkinlik skorlarını hesaplamaktadır. BCC modelleri ise ölçeğe göre değişen getiri varsayımı altında teknik etkinlik skorunu ölçmektedir. Ölçeğe göre değişen getiri varsayımında; üretim ölçeğindeki değişimlerin verimliliği etkilediği düşünülür ve ölçeğe göre artan, azalan ve sabit getiri olabileceği anlamına gelir. Girdi vektöründeki herhangi bir radyal artışın, çıktı vektöründe daha küçük (büyük) oranda bir radyal artışa neden olması durumunda ölçeğe göre azalan (artan) getiri söz konusudur.

Teknik etkinlik skorunun tespit edilmesiyle ölçek etkinlik skorunu belirlemekte mümkün hale gelecektir. KVB'nin elinde bulundurduğu girdi bileşimini en uygun biçimde kullanarak mümkün olan en çok çıktıyı üretmedeki başarısı "teknik etkinlik" ve uygun ölçekte üretim yapmadaki başarısı da "ölçek etkinliği" olarak tanımlanmaktadır. Bu iki etkinlik skorunun çarpımı sonucunda ise toplam etkinlik skoru elde edilecektir.

Banker, Charnes ve Cooper (1984) tarafından geliştirilen ve kişilerin isimlerinin baş harflerine göre BCC olarak adlandırılan modelin girdiye yönelik çarpan ve zarflama modelleri Çizelge 4.2'de verilmiştir.

Çizelge 4.2 Girdiye yönelik BCC- VZA'nın çarpan ve zarflama modelleri

Çarpan Modeli		Zarflama Modeli	
Amaç Fonksiyonu		Amaç Fonksiyonu	
$\max \sum_{r=1}^{s} u_{rk} \cdot Y_{rk} - b_k$		$\min \theta_k$	
Kısıtlar		Kısıtlar	
$\sum_{r=1}^{s} u_{rk} \cdot Y_{rj} - \sum_{i=1}^{m} v_{ik} \cdot X_{ij} - b_k \leq 0$	; j = 1,2,..,n	$\sum_{j=1}^{n} \lambda_{jk} \cdot Y_{rj} - s_{rk}^{+} = Y_{rk}$	; r = 1,2,...,s
$\sum_{i=1}^{m} v_{ik} \cdot X_{ik} = 1$		$\sum_{j=1}^{n} \lambda_{jk} \cdot X_{ij} + s_{ik}^{-} = \theta_k \cdot X_{ik}$	; i = 1,2,..,m
$u_{rk}, v_{ik} \geq 0, b_k serbest$	∀ i, r	$\sum_{j=1}^{n} \lambda_{jk} = 1$	; j =1,2,..,n
		$s_{ik}^{-}, s_{rk}^{+}, \lambda_{jk} \geq 0$	; ∀ i, r, j

n karşılaştırmanın yapıldığı KVB'lerin sayısı,

s üretimden elde edilen çıktı sayısı,

m üretimde kullanılan girdi sayısı,

$k \in$ *{1,2,....,n}* dikkate alınan KVB seti,

j $\in$ *{1,2,....,n}* tüm KVB seti,

$r \in$ *{1,2,....,s}* tüm çıktıların seti,

$i \in$ *{1,2,....,m}* tüm girdilerin seti,

θ_k girdiye yönelik zarflama modelinde en iyi sınırı elde etmek için dikkate alınan "*k*" KVB'nin etkinlik değeri,

b_k amaç fonksiyonunu ençoklamaya yardımcı olan ağırlık,

λ_{jk} girdiye yönelik modelde etkinliği ölçülen "*k*" karar biriminin diğer birimlere (*j*) göre aldığı ağırlık değeri,

u_{rk} *k* KVB'nin *r*'inci çıktı miktarı için vereceği ağırlık,

v_{ik} *k* KVB'nin *i*'inci girdi miktarı için vereceği ağırlık,

Y_{rj} *j* KVB tarafından üretilen *r*'inci çıktı miktarı,

Y_{rk} etkinliği ölçülen "*k*" KVB 'ne ait *r*'inci çıktı miktarı,

s_r^+ *k* KVB'nin *r*'inci çıktısına (VZA ile "radyal" olarak ölçülemeyen fakat arttırılması mümkün olan) ait atıl değer (yeterli miktarda üretilmeyen çıktı),

X_{ij} *j* KVB tarafından kullanılan *i*'inci girdi miktarı,

X_{ik} etkinliği ölçülen "*k*" KVB'ne ait *i*'inci girdi miktarı,

s_{ik}^- *k* KVB'nin *i*'inci girdisine (VZA ile "radyal" olarak ölçülemeyen fakat azaltılması mümkün olan) ait atıl değer (fazla miktarda kullanılan girdi),

Çizelge 4.2'den de incelenebileceği gibi burada verilen modeller girdi yönlü CCR modellerine oldukça benzemektedirler. Sahip olduğu avantajlar sebebiyle analizlerde zarflama modeli kullanılacaktır. Bu modelin ilk kısıtı tüm KVB çıktılarının, sınırı oluşturan KVB'lerinin *r*'inci çıktılarının maksimum lineer kombinasyonundan daha büyük olmadığını ifade etmektedir.

İkinci kısıtta her bir KVB'ye ait girdilerin θ ile çarpılarak tüm girdilerin ağırlıklı lineer kombinasyonundan daha büyük olmamasının sağlandığı yani girdilerin minimum yapılmaya çalışıldığı ifade edilmektedir.

BCC zarflama modelinin CCR zarflama modeline göre sahip olduğu tek fark λ'ların (ağırlıkların) toplamının 1'e eşit olduğu kısıttır. Buna "konvekslik kısıtı" denilmekte ve λ'ların hepsinin etkin sınır toplamını oluşturması gerektiğini ifade etmektedir. Bu kısıt ölçeğe göre değişken getiriye müsaade eder ve işletmeler sadece üretimin benzer ölçekteki diğer çalışmaları ile kıyaslanır.

$0 < \theta \leq 1$ arasındaki θ değeri KVB'ler için teknik etkinlik skorunu temsil edecektir. Burada 1 değeri KVB'nin tamamen etkin olduğunu göstermektedir (Henderson, 2005).

Girdiye yönelik CCR ve BCC modellerinin çarpan modelleri arasındaki fark ise BCC modeline yeni bir değişkenin (b_k) eklenmiş olmasıdır.

b_k = 0 $\Rightarrow$ Ölçeğe göre sabit getirili çıktı miktarı;

b_k > 0 $\Rightarrow$ Ölçeğe göre azalan getirili çıktı miktarı;

b_k < 0 $\Rightarrow$ Ölçeğe göre artan getirili çıktı miktarını göstermektedir.

Bu değişikliklerle etkinlik sınırının yapısı değişmiştir. CCR modelinde orijinden geçen etkinlik doğrusu BCC modelinde orijinden geçmek zorunda değildir. Bu yapısıyla BCC modeli CCR modelinden ayrılmaktadır. Modellerin diğer değişkenler açısından yorumunda bir farklılık yoktur.

BCC modelinin çıktıya yönelik çarpan ve zarflama modelleri Çizelge 4.3'te verilmiştir. Çıktı yönlü BCC modelinde, CCR modelinden farklı olarak zarflama modeline λ' ların toplamı 1'e eşitleyen bir kısıtın, çarpan modeline ise c_k değişkeninin ilave edilmesidir. Buradaki amaç ölçeğe göre sabit olmayan getiriyi sağlamaktır (Cooper et al., 2004).

Çizelge 4.3 Çıktıya yönelik BCC- VZA'nın çarpan ve zarflama modelleri

Çarpan Modeli		Zarflama Modeli	
Amaç Fonksiyonu		Amaç Fonksiyonu	
$Min\sum_{i=1}^{m} v_{ik} \cdot X_{ik} + c_k$		$\max \varphi_k$	
Kısıtlar		Kısıtlar	
$\sum_{r=1}^{s} u_{rk} \cdot Y_{rk} = 1$		$\sum_{j=1}^{n} \mu_{jk} \cdot Y_{rj} - s_{rk}^{+} = \varphi_k \cdot Y_{rk}$	; r=1,2,..,s
$\sum_{r=1}^{s} u_{rk} \cdot Y_{rj} - \sum_{i=1}^{m} v_{ik} \cdot X_{ij} - c_k \leq 0$	; j=1,2,..,n	$\sum_{j=1}^{n} \mu_{jk} \cdot X_{ij} + s_{ik}^{-} = X_{ik}$	; i=1,2,..,m
$u_{rk}, v_{ik} \geq 0, c_k serbest$	; $\forall$ i, r	$\sum_{j=1}^{n} \mu_{jk} = 1$	; j=1,2,..,n
		$s_{ik}^{-}, s_{rk}^{+}, \mu_{jk} \geq 0$	; $\forall$ i, r, j

n karşılaştırmanın yapıldığı KVB'lerin sayısı,

s üretimden elde edilen çıktı sayısı,

m üretimde kullanılan girdi sayısı,

$k \in$ $\{1,2,....,n\}$ dikkate alınan KVB seti,

$j \in$ $\{1,2,....,n\}$ tüm KVB' leri seti,

$r \in$ $\{1,2,....,s\}$ tüm çıktıların seti,

$i \in$ $\{1,2,....,m\}$ tüm girdilerin seti,

φ_k çıktıya yönelik zarflama modelinde en iyi sınırı elde etmek için dikkate alınan KVB'nin etkinlik değeri,

c_k amaç fonksiyonunu enazlamaya yardımcı olan ağırlık,

μ_{jk} çıktıya yönelik modelde etkinliği ölçülen "*k*" karar biriminin diğer birimlere (*j*) göre aldığı ağırlık değeri,

u_{rk} *k* KVB'nin *r*'inci çıktı miktarı için vereceği ağırlık,

v_{ik} *k* KVB'nin *i*'inci girdi miktarı için vereceği ağırlık,

Y_{rj} *j* KVB tarafından üretilen *r*'inci çıktı miktarı,

Y_{rk} etkinliği ölçülen "*k*" KVB'ne ait *r*'inci çıktı miktarı,

s_{rk}^{+} *k* KVB'nin *r*'inci çıktısına (VZA ile "radyal" olarak ölçülemeyen fakat arttırılması mümkün olan) ait atıl değer (yeterli miktarda üretilmeyen çıktı),

X_{ij} *j* KVB tarafından kullanılan *i*'inci girdi miktarı,

X_{ik} etkinliği ölçülen "*k*" KVB'ne ait *i*'inci girdi miktarı,

s_{ik}^{-} *k* KVB'nin *i*'inci girdisine (VZA ile "radyal" olarak ölçülemeyen fakat azaltılması mümkün olan) ait atıl değer (fazla miktarda kullanılan girdi),

Üretim sınırının ölçeğe göre değişken getiri özelliği göstermesinden dolayı BCC modeli yardımıyla hesaplanan teknik etkinlik skorları girdi ve çıktıya yönelik olarak farklı değerler alacaktır. Oysa CCR modelinde her iki durumda da hesaplanan toplam etkinlik skoru aynı değere sahiptir. Teknik etkinlik skorunun BCC modelinin çözümü sonucunda bulunması, toplam etkinlik skorunun da CCR modeli ile bulunması, ölçek etkinlik skorunun hesaplanmasına olanak verir. Teknik etkinlik ve ölçek etkinliği birlikte "toplam etkinlik" veya "VZA etkinliği" olarak adlandırılır (Kaynar ve ark., 2005).

Şayet bir KVB hem CCR modelinde, hem de BCC modelinde tam etkin (%100) olarak belirlenirse, söz konusu KVB'nin "en üretken ölçek büyüklüğü"nde hizmet verdiği kanıtlanmış olur. KVB'nin BCC modeline göre tam etkin, CCR modeline göre etkinsiz çıkması durumunda ise, söz konusu KVB'nin yerel olarak etkin çalıştığı, ancak genel olarak etkin çalışmadığını anlaşılacaktır (Aydemir, 2002).

CCR modelinden elde edilen etkinlik değerinin BCC modelinden elde edilen etkinlik değerine oranı ile ölçek etkinliği hesaplanmış olacaktır.

$$\theta_{CCR} = \theta_{BCC} \times \theta_{Olcek}$$

$$\theta_{Toplam} = \theta_{Teknik} \times \theta_{Olcek}$$

Bu ayrıştırma, etkinsizliğin işletim sorunlarından mı (teknik etkinlik), yoksa KVB'nin içinde bulunduğu dezavantajlı şartlardan mı (ölçek etkinliği) ya da her iki sebepten de mi kaynakladığı konusunda bilgi vermesi açısından büyük önem taşımaktadır (Yolalan, 1993; Aydemir, 2002).

BCC modelinde üretim üst sınırı, var olan KVB'lerin oluşturduğu "içbükey zarf" tarafından taranır. Üretim üst sınırı, Şekil 4.1'de görüldüğü üzere parçalı doğrusal bir yapı sergiler ve bu özelliğinden dolayı da *"ölçeğe göre değişken getiri"* karakteristiğine sahiptir. AB ve BC doğru parçasında *"ölçeğe göre artan getiri"*, EC parçasında *"ölçeğe göre azalan getiri"*, ve dönüşümün gerçekleştiği C noktasında ise *"ölçeğe göre sabit getiri"* özelliği gözlemlenir (Aydemir, 2002).

Ölçeğe göre getiri kavramı en verimli ölçek büyüklüğünün (C noktası) belirlenmesiyle doğrudan ilişkilidir. Bir üretim sürecine ilişkin olarak ölçeğe göre artan durumun var olması için tüm çıktı miktarlarının artış oranının, tüm girdi miktarlarının artış oranından daha yüksek olması gerekmektedir. Benzer şekilde bir üretim sürecine ilişkin olarak ölçeğe göre azalan getiri durumunun var olması için tüm çıktı miktarlarının artış oranının, tüm girdi miktarlarının artış oranından daha düşük olması gerekmektedir (Tarım, 2001).

Şekil 4.1'de orijin ile C noktasından geçen doğru ölçeğe göre sabit getirili (CCR-VZA) üretim teknolojisi ile oluşturulmuş etkin sınırı gösterirken A, F, B, C, E noktalarından geçen parçalı doğru ise ölçeğe göre değişken getirili (BCC-VZA) üretim teknolojisi ile oluşturulmuş etkin sınırı göstermektedir.

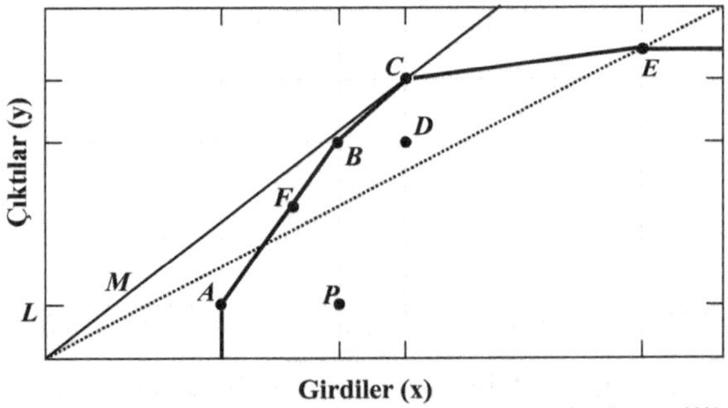

Şekil 4.1 BCC modelinde üretim üst sınırı ve ölçek özellikleri

A ve B gözlemleri parçalı doğru (etkin sınır) üzerinde yer almakta ve teknik etkin olarak tanımlanmaktadır. P gözlemi ise, A ile aynı çıktı düzeyini daha fazla girdi kullanarak gerçekleştirmiştir. Öte yandan, P karar verme birimi, B ile aynı miktarda girdi kullanmış olmasına rağmen daha az çıktı üretmiştir. Bu nedenle, P'nin teknik etkinsizlik içinde olduğu yorumu yapılır (Tarım, 2001).

Bu üç gözlemin verimlilikleri, çıktı/girdi oranından hesaplanmakta ve sonuçta, B'nin diğer iki karar verme biriminden daha verimli olduğu, P'nin ise en verimsiz karar verme birimi olduğu sonucuna varılmaktadır. A gözlemi teknik etkin olarak değerlendirilmesine karşın B'ye kıyasla verimliliği daha düşüktür (Tarım, 2001).

Teknik etkin olan bir gözlem, teknik etkinsizlik yaşayan bir gözlemle kıyaslandığında verimsiz bulunabilir. Günlük konuşma dilinde aradaki ayırıma dikkat edilmeden kullanılan, teknik anlamda etkinlik ve verimlilik kavramlarından birinin diğerini içermediği görülmüştür (Tarım, 2001).

Şekil 4.1'in incelenmesi sonucunda C ve D karar verme birimlerinin her ikisinin de ölçek etkin oldukları fakat bu ikisinden sadece C'nin teknik etkin olduğu, D'nin ise teknik etkinsiz olduğu; A, B, E ve F karar verme birimlerinin teknik etkin olmalarına karşın ölçek etkin olmadıkları; P karar verme biriminin ne ölçek etkin ne de teknik etkin olduğu yorumu yapılır. C (en verimli ölçek büyüklüğü)'den daha az veya daha çok girdi kullanmak, diğer bir deyişle sırasıyla ölçeği küçültmek veya büyütmek verimliliği azaltmaktadır. Girdinin azaltılması ölçeğe göre artan getiriye ve arttırılması ise ölçeğe göre azalan getiriye yol açmaktadır (Tarım, 2001).

Ayrıca; F karar verme biriminin teknik etkinliği korumak kaydıyla, ölçeğini büyüttüğü zaman verimliliğinin artacağı yorumu yapılabilir. Bu durum, ölçeğe göre artan getiri olarak isimlendirilir. E karar verme birimi ise, teknik etkinliğini koruyarak ölçeğini küçülttüğü zaman verimliliğinde artış gözlenecektir. Bu durum, ölçeğe göre azalan getiri olarak isimlendirilir (Tarım, 2001).

Sonuç olarak; CCR modeli ile (ölçeğe göre sabit getiri özelliğinden dolayı) toplam etkinlik skorları belirlenirken BCC modeli ile (ölçeğe göre değişken getiri özelliğinden dolayı) teknik etkinlik skorları belirlenmektedir. İki modelin oranlanması sonucunda ise ölçek etkinliği tespit edilebilmektedir.

4.4.3. Toplamsal model

BCC modelinden sonra Charnes ve ark. (1985) tarafından geliştirilen toplamsal model (Additive Model) daha sonra Banker ve ark. (1989) tarafından geliştirilmiştir. CCR ve BCC modelleri girdiye ve çıktıya odaklı olarak değerlendirme yaparken bu model iki çeşit odaklanmayı da beraber incelemektedir. Burada asıl amaç, fazla kullanılan girdi (s_{ik}^{-}) ve üretilmeden kalan çıktıyı (s_{rk}^{+}) eş zamanlı olarak ele alıp etkinlik sınırı üzerinde en uzaktaki etkinsiz karar verme birimine ulaşmaya çalışmaktır. Etkinsizlik ise "1-Etkinlik" ile bulunur. Bu model sonucunda bir etkinlik skoru değeri elde edilmez. Karar verme birimlerinin etkin olup olmadıkları aylak değişken değerlerine bakılarak belirlenir. Eğer her iki aylak değişkenin değeri de sıfır ise o karar verme birimi bu modele göre etkin olacaktır (Bowlin, 1998; www.deu.edu.tr).

Bu model VZA'nın BCC zarflama versiyonu ile uyumludur. Toplamsal model ile BCC versiyonu arasındaki fark, modelde θ (bağıl verimsizlik miktarı)'nın çıkarılmış ve tüm etkinsizliklerin aylak ve artık (s_{ik}^{-} ve s_{rk}^{+}) değişkenlerinde tutulmuş olmasıdır. Bu nedenle verimlilik için tek test tüm aylak ve artık değişkenlerinin sıfır olup olmadığıdır (Bowlin, 1998).

BCC modeli için verimli olan bir KVB, toplamsal model için de verimli olacaktır ve tersi de doğrudur. Ancak, bir KVB verimsiz olduğunda, VZA modelinin iki versiyonu için verimsizliğin kaynağı ve miktarı, verimlilik değerlendirmesinde farklı metriklerin kullanımı nedeniyle farklılıklar gösterebilir (Bowlin, 1998).

Toplamsal model aşağıdaki gibi formüle edilmiştir;

Amaç Fonksiyonu

$$Max \sum_{i=1}^{m} s_{ik}^{-} + \sum_{r=1}^{s} s_{rk}^{+}$$

Kısıtlar

$$\sum_{j=1}^{n} \lambda_{jk} \cdot X_{ij} + s_{ik}^{-} - X_{ik} = 0 \quad ; \quad i = 1,2,....,m$$

$$\sum_{j=1}^{n} \lambda_{jk} \cdot Y_{rj} - s_{rk}^{+} - Y_{rk} = 0 \quad ; \quad r = 1,2,....,s$$

$$\sum_{j=1}^{n} \lambda_{jk} \geq 1$$

$$s_{ik}^{-}, s_{rk}^{+}, \lambda_{jk} \geq 0 \quad ; \quad \forall i, r, j$$

4.4.4. Çarpımsal model

CCR, BCC ve toplamsal modellerde çıktıların ve girdilerin toplamsal kombinasyonu tavsiye edilirken Charnes ve ark. 1982, 1983 bir çarpımsal kombinasyon metodu (Multiplicative Model) sunmuşlardır. Bu modelin temel farklılığı, gerçek çıktıların ve gerçek girdilerin toplamsal olarak (eklenmek suretiyle) değil çarpımsal olarak (çarpılmak suretiyle) biçimlendirilmiş olmasıdır. Şöyle ki, denklemlerdeki toplama işareti ($\sum$) çarpım işaretiyle ($\prod$) değiştirilmiştir. Girdilerin ve çıktıların x ve y vektörleri logaritmalardır. Sonuç olarak, CCR, BCC ve diğer modellerde sınır parçalı doğrusaldan ziyade logaritmik parçalı doğrusal (Cobb-Douglas tipi) dır. Toplamsal modele benzer şekilde, çarpımsal modelde de, verimsizlikler sadece aylak değerler için tanımlanır (Bowlin, 1998).

4.4.5. Etkinlik ölçümünün üstün modeli

CCR, BCC ve diğer VZA modelleri sınır üzerindeki KVB'lerle sınır üzerinde olmayan KVB'lerin doğrusal bir şekilde kıyaslanmasına müsaade eder. Fakat bazı durumlarda, KVB'lerin doğrusal kombinasyonu yerine gerçek KVB'ler ile kıyaslanmaları istenebilir. Bardhan ve ark. (1996) da BCC ve CCR modellerindeki süreklilik kabulünü değiştirerek etkinlik ölçümünün üstün modelini (Measure of Effciciency Dominance) geliştirmişlerdir (Bowlin, 1998).

4.4.6. Güvenli bölge ve polihedral koni oran modeli

Charnes ve ark. (1990), deneysel üretim fonksiyonu kurmanın hatalı olabileceğini işaret etmişlerdir. Üretim fonksiyonu, yetersiz tanıtılabilir ya da sonuçlar yöneticilerin gerçek olasılıkları dışında verimli girdi ve çıktı değerlerini yansıtıyor olabilir. Bu problemi aşmak için, gerçek ağırlıkların ulaşabileceği değerleri kısıtlayan iki model geliştirilmiş ve bu suretle kabul edilebilir verimli girdi ve çıktı seviyeleri kümesi kısıtlandırılmıştır (Bowlin, 1998).

İlk olarak Thompson ve ark. 1986 yılında ortaya koydukları ve 1990 yılında tanımladıkları güvenli bölge yaklaşımını geliştirmişlerdir. Güvenli bölge (assurance region) modeli, değişkenlerin makul değerlerinin alt ve üst sınırlarını tespit etmeyi sağlar.

Güvenli bölgeler, Charnes ve ark. (1990) da tanımlandığı gibi polihedral koni-oranlarının özel bir durumudur. VZA'nın polihedral koni-oran değişimi (Polyhedral Cone Ratio Modeli) modeli, yöneticilerin farklı faktörlere göre değişen en iyi uygulama hakkındaki tercihlerini temel alarak, girdi ve çıktı kümelerini sınırlandırır. Bu şekilde gerçek ağırlıklar, girdi kullanımı ve/veya çıktı üretiminin istenilen modelini destekleyecek şekilde kontrol edilebilir ve dolayısıyla uzman bilgisini değerlendirmede kullanılabilir (Bowlin, 1998).

4.4.7. Kategorik değişken modeli

Değişkenler aldıkları değerlere göre, sürekli ve süreksiz değişkenler olarak sınıflandırılabilirler. Kategorik değişkenler (categorical variable); sürekli olmayan veya başka bir ifadeyle sınırlı sayıda değer alabilen değişkenlerdir (evet-hayır gibi).

Banker-Morey (1986a) kategorik değişkenlerin katılımına müsaade eden yeni bir VZA modeli kurmayı önermişlerdir. VZA'nın bu uzanımı sürekli değişkenlerle süreksiz değişkenlerin bileşimine müsaade etmektedir. Örneğin Banker-Morey (1986a) tarafından yapılan fast food restoranlarla ilgili bir çalışmada restoranlar arabaya servis yapanlar ve yapmayanlar olarak kategorize edilerek değerlendirilmişlerdir. Kamakura (1988) organizasyonların birden fazla seviyede karşılaştırılmalarına müsaade eden bir değişiklik önermiştir (Bowlin, 1998).

4.4.8. Kontrol edilemeyen değişken modeli

VZA modeli etkin olmayan bir KVB'nin etkin hale getirilebilmesi için arttırılması gereken çıktı veya azaltılması gereken girdi hakkında bilgi verir. Ancak gerçekte yöneticilerin kontrolü dışında olan girdi veya çıktı değerleri (non-discretionary variable) de KVB performansını etkileyebilir. Bu sebeple KVB'lerin değerlendirilmesinde kontrol edilemeyen değişkenlerinde dikkate alınması gerekmektedir.

Tez çalışmamızın amacı dahilinde yapılan kömür sektöründeki verimlilik ve etkinlik analizinde kontrol edilemeyen değişkenlerinde dikkate alınması sebebiyle, bu konudan bir sonraki bölümde ayrıntılı bir şekilde bahsedilecektir.

BÖLÜM 5

VERİ ZARFLAMA ANALİZİ'NDE KONTROL EDİLEMEYEN DEĞİŞKENLERİN ETKİLERİ

İşletmelerin performanslarının belirlenmesinde kullanılan etkinliğin ölçüm yöntemleri ile ilgili birçok çalışma yapılmış olmasına rağmen, etkinlik ölçümü ile ilgili yoruma çok az rastlanmaktadır. Oysaki bir KVB tarafından üretilen çıktı miktarını, girdilerden başka diğer faktörlerinde etkilediği ortaya koyulmuştur (Yu, 1998).

Etkinlik analizinde yaygın bir şekilde kullanılan ve sayısız uygulamaları bulunan standart VZA, belirlenen ünitelerin, benzer amaçlarla aynı görevleri yerine getiren, benzer girdileri kullanarak benzer çıktıları üreten, benzer ortamlarda çalışan homojen birimler olduğunu kabul eder. Oysaki homojen kabul edilen ortamlar çoğu kez bozulmakta ve analizlerde kullanılan faktörler farklı ortamlar gerektirmektedir. KVB'lerinin kontrolü dışında olan ve etkinlik skorunu etkileyen bu değişkenlere genellikle kontrol edilemeyen değişkenler denilmektedir (Blumenberg, 2004a; Syrjanen, 2004).

Charnes (1980), çevresel etkileri de göz önünde bulundurarak etkinlik ölçümünde kullanılan değişkenleri; kontrol edilebilen ve kontrol edilemeyen değişkenler olmak üzere ikiye ayırmıştır. Kontrol edilemeyen değişkenler, her bir üreticinin performansını ve hesaplanan KVB'lerinin sonuçlarını etkileyen hem organizasyonel hem de yönetimsel kısıtlarla farklı özellikleri yansıtan, elverişli ya da elverişsiz faktörlerden oluşmaktadır (Muniz, 2002).

Kontrol edilemeyen faktörlerin bazıları belirli sınırlar içinde KVB'lerini kontrol etmekte ve bu birimlerin sınırları dahilinde değiştirilebilmektedir. Gerekliliği önemli olmayan bazı faktörlerinde dışa bağımlılığı ayarlanmakta ve üretim kararlarını veren çalışma kısıtları olarak hizmet etmeleri sağlanmaktadır (Yu, 1998).

Etkinlik hesaplamaları, hem üretimin yapıldığı çevrenin etkilerini hem de girdilere ilave edilen ve kontrol edilemeyen değişkenleri içine almaktadır. Dolayısıyla etkinlik karşılaştırması yapılırken firmaların çevresel koşullarının da dikkate alınması gerekmektedir. Aksi takdirde etkinlik ölçümleri sadece etkinlikler arasındaki farklılıkları değil aynı zamanda çevresel farklılıkları da yansıtacaktır (Yu, 1998; Hammond, 2000).

Etkinlik indeksi hesaplamasında kontrol edilemeyen girdilerin bulunması, üretici etkinliği ve üretim prosesinin uygulanma koşulları olmak üzere iki temel etkiyi ayırmamıza neden olmaktadır. Bu etkiler arasındaki ayırım; üreticilerin etkinliğini dikkatli ölçmek ve doğru yorumlama yapmak istendiğinde gereklidir. Aynı zamanda, etkinliğin belirlenmesi ve ayrıntılı bir şekilde incelenmesi hesaplanan ünitelerin sonuçlarını düzeltmek açısından gerekli olacaktır (Muniz, 2002).

Charnes ve ark. (1978) ve Banker ve ark. (1984) tarafından geliştirilen standart VZA modellerindeki kontrol edilemeyen faktörlere, etkinliği incelemeye yardımcı olan normal kontrol edilebilen faktörler gibi davranılmakta ve dışarıda bırakılmaktadır. Bu sebeple, VZA'deki kontrol edilemeyen girdileri dikkate alan birçok model geliştirilmiştir. Araştırmacılar en uygun modelin hangisi olduğu konusunda hemfikir değildirlerdir. Bu sebeple literatürde kullanılan alternatif modelleri; tek aşamalı modeller, çok aşamalı modeller ve program analizi olmak üzere üç gruba ayırmak mümkündür.

Bu çalışmada, sadece Veri Zarflama Analizinden oluşan tek aşamalı model ile çok aşamalı modelleri karşılaştırabilmek, ilk geliştirilen model ile son geliştirilen model arasındaki ilerlemeyi inceleyebilmek için Banker-Morey (1986a) modeli ile Fried-

Lovell (1996) ve Muniz (2002) modelinin dikkate alınması uygun görülmüştür. İlk olarak tek aşamalı ve çok aşamalı modeller hakkında bilgi verilmiştir.

Çizelge 5.1 Kontrol edilemeyen faktörleri dikkate alan veri zarflama analizi literatürü

	YILLAR	KONU
Charnes	1980	Ayrımı ortaya koydu
Banker ve Morey	1986a	Tek aşamalı model
Ray	1991	Çok aşamalı model
Golany ve Roll	1993	Tek aşamalı model
Fried ve Lovell	1996	Çok aşamalı model
Ruggiero	1996	Tek aşamalı model
Ruggiero	1998	Çok aşamalı model
Maital ve Vaninsky	2001	Tek aşamalı model
Muniz	2002	Çok aşamalı model
Yang - Paradi	2003	Tek aşamalı model

5.1. Tek Aşamalı Modeller

Kontrol edilebilen faktörlerle kontrol edilemeyen faktörleri eş zamanlı olarak değerlendiren ve sadece bir tek VZA gerektiren bu etkinlik modellerinde, çevresel farklılıklar dikkate alınmamaktadır. Yani kontrol edilebilen veya edilemeyen faktörlere kontrol edilebilen faktörler gibi muamele edilir veya tamamen analizin dışında bırakılır. Bu sebeple yönetimsel kontrol dışındaki etkileri incelemeye müsaade etmezler.

Kontrol edilemeyen faktörleri içine alan ve sadece kontrol edilebilen parametreleri dikkate alarak etkinlik ölçümü yapan ilk VZA modeli Banker ve Morey (1986a) tarafından kurulmuştur. Banker ve Morey (1986a) modeli, VZA'daki kontrol edilemeyen girdileri kapsayan standart bir yaklaşım haline gelmesine ve literatürde yaygın bir şekilde kullanılmasına rağmen bazı sorunları da içerisinde barındırmaktadır (Muniz, 2002).

5.1.1. Banker ve Morey (1986a) modeli

Banker ve Morey (1986a) standart VZA'yı modifiye ederek kontrol edilebilen ve edilemeyen girdileri ayrı ayrı dikkate alan bir model geliştirmişlerdir. Bu modelin temeli standart VZA'da olduğu gibi incelenen üreticiler için bazı girdilerin sabitlenmesi (kontrol edilemeyen girdiler) sonucunda etkinsiz ünitelerde görülen kontrol edilebilen girdi birikimidir.

Çıktı, kontrol edilebilen ve edilemeyen (sabit) girdinin olduğu, ölçeğe göre değişken getiri altındaki tek aşamalı modelde çıktılar ve kontrol edilemeyen girdiler sabit tutularak kontrol edilebilen girdiler minimum yapılmaya çalışılmıştır (girdi minimizasyonu). Buna göre amaç fonksiyonu ve kısıtlar aşağıdaki gibidir; (Muniz, 2002; Muniz et al., 2006);

Amaç Fonksiyonu

$$\min \theta_k \qquad (1)$$

Kısıtlar

$$\sum_{j=1}^{n} \lambda_{jk} \cdot Y_{rj} - s_{rk}^{+} = Y_{rk} \quad ; \quad r = 1,2,....,s \qquad (2)$$

$$\sum_{j=1}^{n} \lambda_{jk} \cdot X_{ij} + s_{ik}^{-} = \theta_k \cdot X_{ik} \quad ; \quad i=1,2,....,m \qquad (3)$$

$$\sum_{j=1}^{n} \lambda_{jk} \cdot Z_{lj} - s_{lk}^{*} = Z_{lk} \quad ; \quad l=1,2,....,p \qquad (4)$$

$$\sum_{j=1}^{n} \lambda_{jk} = 1, \qquad (5)$$

$$\lambda_{jk}, s_{ik}^{-}, s_{rk}^{+}, s_{lk}^{*} \geq 0 \quad ; \quad j=1,2,....,n. \qquad (6)$$

n karşılaştırmanın yapıldığı KVB'lerin sayısı,

s üretimden elde edilen çıktı sayısı,

m üretimde kullanılan girdi sayısı,

$k \in$ $\{1,2,....,n\}$ dikkate alınan KVB seti,

$j \in$ $\{1,2,....,n\}$ tüm KVB seti,

$r \in$ $\{1,2,....,s\}$ tüm çıktıların seti,

$i \in$ $\{1,2,....,m\}$ tüm girdilerin seti,

θ_k girdiye yönelik zarflama modelinde en iyi sınırı elde etmek için dikkate alınan k KVB'nin etkinlik değeri,

λ_{jk} girdiye yönelik modelde etkinliği ölçülen "k" KVB diğer birimlere (j) göre aldığı ağırlık değeri,

Y_{rj} j KVB tarafından üretilen r'inci çıktı miktarı,

Y_{rk} etkinliği ölçülen k KVB'ne ait r'inci çıktı miktarı,

s_{rk}^{+} k KVB'nin r'inci çıktısına (VZA ile "radyal" olarak ölçülemeyen fakat arttırılması mümkün olan) ait atıl değer (yeterli miktarda üretilmeyen çıktı),

X_{ij} j KVB tarafından kullanılan i'inci girdi miktarı,

X_{ik} etkinliği ölçülen "k" KVB'ne ait i'inci girdi miktarı,

s_{ik}^{-} k KVB'nin i'inci girdisine (VZA ile "radyal" olarak ölçülemeyen fakat azaltılması mümkün olan) ait atıl değer (fazla miktardaki kontrol edilebilen girdi),

Z_{lj} j KVB tarafından kullanılan l'inci kontrol edilemeyen girdi miktarı,

Z_{lk} k KVB tarafından kullanılan l'inci kontrol edilemeyen girdi miktarı,

s_{lk}^{*} k KVB l'inci kontrol edilemeyen girdisine (VZA ile "radyal" olarak ölçülemeyen fakat azaltılması mümkün olan) ait atıl değer,

Banker, Charnes ve Cooper (1984) tarafından geliştirilen, orijinal ölçeğe göre değişken getirili VZA modeline kontrol edilemeyen girdilerle ilgili kısıtın da ilave edilmesiyle oluşan bu modelde kısıt (2) seti girdi minimizasyonu altında yapılan VZA'da sabit tutulan çıktıların karşılaştırılmasını ifade etmektedir. Bu kısıt ile her bir *j* KVB'nin *r*. çıktısı, etkin sınırı oluşturan işletmelerin *r*. çıktısının maksimum lineer kombinasyonundan daha büyük olmayacaktır. Etkinsiz KVB'lerindeki girdilerin minimum yapılmaya çalışıldığı kısıt ise Eşitlik (3)'te gösterilmektedir. Her bir *j*. KVB'nin *i*. girdisi, tüm işletmeler tarafından kullanılan *i*. girdinin ağırlıklı lineer kombinasyonu ile oluşturulan seviyeden daha küçük bir girdi seviyesi θ_k vasıtasıyla ölçülebilecektir. (4). kısıtta kontrol edilemeyen girdilerin kıyaslanması ifade edilmektedir. Sabit girdi ile ilişkili kısıtta θ_k, eşitliğin sağ tarafında bulunmadığından program sonu kontrol edilebilen girdi vektörünün azalmasını gerektirmektedir. Bundan dolayı kontrol edilemeyen girdiler sadece her bir KVB'deki kontrol edilemeyen girdilerle karşılaştırılır ve aslında θ_k'ın optimizasyonda direkt rolü yoktur. Başka bir ifadeyle bu formül sadece çok az miktarda kontrol edilemeyen girdi kullanan üreticilerin kıyaslanarak değerlendirildiği birimi garanti altına alır. $\sum_{j=1}^{n} \lambda_{jk} = 1$ eşitliği konvekslik kısıtı olarak adlandırılmakta ve etkinlik sınırının ölçeğe göre değişen getiri özelliği göstermesine sebep olmaktadır. Üretim sınırının ölçeğe göre değişken getiri özelliği göstermesi, işletmelerin teknik etkinlik skorlarının belirlenmesini sağlamaktadır.

Bu modelin en önemli avantajı araştırmayla ilgili tüm değişkenlerin aynı VZA 'da eş zamanlı olarak değerlendirmesidir. Çok aşamalı tasarıların farklı evrelerinin kıyaslanmasında büyük bir kolaylık sağlar.

Ancak bu formülasyon doğruluğundan şüphe edilen iki sonuç vermektedir. İlk olarak teknik etkin olarak isimlendirilen birimler modifiye edilmemiş orijinal VZA formülasyonu ile elde edilen sonuçlarla (yani sadece kontrol edilebilir girdilerin dikkate alınması durumunda elde edilen sonuçlarla) tamamen aynıdır. Gerçekte Banker ve Morey (1986a) formülasyonunun amacı etkinsiz ünitelerin üretim hedefinin belirlenmesidir. Bu modelde kontrol edilemeyen parametreler çalışmayı kısıtlar fakat çok aşamalı modellerdeki gibi kontrol edilemeyen girdiler vasıtasıyla yaratılan farklı koşulları dikkate alarak ünitelerin etkinlik değerlerini düzeltmeye çalışmaz.

İkinci olarak kontrol edilemeyen bazı girdiler, kontrol edilebilen girdilerin olması durumundaki kıyaslamalarla etkinlik indeksinde kaçınılmaz bir azalmaya sebep olurlar. Banker-Morey tarafından önerilen uygulamalarla elde edilen etkinlik ölçümü orijinal etkinlik ölçümünden elde edilen sonuçtan küçüktür (ünite etkinsiz ise) veya eşittir (ünite etkin ise).

Ayrıca bu model, değişken sayısının artmasıyla ayırma kapasitesini büyük bir oranda kaybetmektedir. Kontrol edilemeyen girdilerin sayısı dikkate alınan KVB'lerin etkinlik yüzdeleri artar. Bu problem, özellikle değerlendirilen KVB'lerin sayılarının kullanılan değişkenlere göre yeterince büyük olmadığı durumlarda, analiz sonucunu etkiler (Muniz, 2002).

Bu sonuçlar; ampirik açıklamalarının kolay olmamasına rağmen Banker ve Morey (1986a) modelinin uygulamasında ve geliştirilmesinde temel oluştururlar. Diğer taraftan kontrol edilemeyen girdilerin, etkin veya etkin olmayan üretici kategorilerini az veya çok değiştirmesi beklenir. Gerçekte etkinsiz bir ünite için kontrol edilemeyen girdilerin bazıları aslında kontrol edilebilir girdilerin kullanımında büyük bir etkinsizliğe sebep olmayacaktır (Muniz, 2002).

5.1.2. Geliştirilen tek aşamalı diğer modeller

İlk olarak geliştirilen Banker ve Morey (1986a) modelinin ışığında kontrol edilemeyen faktörleri dikkate alan tek aşamalı birçok model geliştirilmiştir. Bunlardan en sık rastlananları şöyle sıralamak mümkündür; Gollany ve Roll (1993), Ruggiero (1996), Maital ve Vanisky (2001), Yang ve Paradi (2003). Aşağıdaki bölümde bu modeller hakkında kısa bilgiler verilmiştir.

Gollany ve Roll (1993), hem girdi hem de çıktı setindeki kontrol edilemeyen faktörleri eş zamanlı olarak açıklayabilmek için Banker ve Morey (1986a) tarafından geliştirilen yaklaşımı genelleştiren bir model oluşturmuşlardır. Bu model ile değişiklikleri düzenleyen bilgilendirme sayesinde kontrol edilebilen faktörleri izah etmek kısmen mümkün olmuştur (Golany and Roll, 1993; Syrjanen, 2004).

Ruggiero (1996), Banker ve Morey (1986a) modelinin referans setini gerektiği gibi sınırlamadığını göstererek, kontrol edilemeyen değişkenlerle ilgili konvekslik kısıtını değiştirmiş ve bu modelin avantajlarını da içerisinde barındıran alternatif bir model geliştirmiştir. Esasında, farklı bir sınırın oluşmasına sebep olan kontrol edilemeyen girdilerin varlığında; sabitlenen faktörlerin kontrolü için çok uygun üretim koşullarına sahip KVB'lerini dışarıda bırakacak bir kısıt ilave etmiştir. Benzer veriler kullanan Ruggiero, kendi modelinin Banker ve Morey (1986a) modelinden daha üstün olduğunu iddia etmektedir. Ancak Ruggiero modelinin performansı, diğer değerler eşit olmak üzere, kontrol edilemeyen girdilerin sayısının artmasıyla azalmakta ve KVB'lerini etkin gibi tanımlama eğiliminde olmaktadır.

Maital ve Vaninsky (2001) modelinde, doğal faktörlerden ziyade kısıtlı kaynaklardaki değişimi kontrol etmenin önemli olduğu düşünülerek, Banker-Morey modeli ve Golany-Roll modeli birleştirilmiştir. Bu modelde toplam girdi ve çıktılar eş zamanlı olarak incelenmeye çalışılmıştır.

Eksikleri bulunan VZA modeline alternatif bir model de Yang ve Paradi (2003) tarafından geliştirilmiştir. Bu model de gözlem altındaki KVB'i doğal çevresel farklılıklara göre ayarlamaktadır. Bundan dolayı eşit bir ortamda kıyaslanmanın sağlanabilmesi için farklı kültürel geçmişe sahip KVB'lerini tanzim edebilecek bir fonksiyonun tanımlanmasına ihtiyaç duyulmaktadır.

5.2. Çok Aşamalı Modeller

Tüm faktörlerin (çıktı, kontrol edilebilen ve edilemeyen) tek aşamada değerlendirildiği modellerden doğru etkinlik değerlerinin hesaplanamadığı düşünülerek çok aşamalı modeller geliştirilmiştir. Bu modellerde, ilk önce sadece kontrol edilebilen girdilerin bulunduğu bir analiz yapılmaktadır. Elde edilen çıktılar, içinde bulundukları çevresel koşullara uygun olacak şekilde iki aşamalı hatta üç aşamalı analizlerle ayarlanmaktadır. Çok aşamalı ayarlama prosesi hem parametrik hem de parametrik olmayan etkinlik ölçümü için uygun olmaktadır (Worthington and Dollery, 1999).

Başka bir ifadeyle, bu modeller kontrol edilemeyen girdilerin üretim üzerindeki etkilerini orijinal etkinlikten karşılayacak olan çok aşamalı VZA gerektirmektedir. Bu amaçla orijinal veriler her üretimin değişkenlerinin göreli etkisine göre modifiye edilmekte ve son değerlendirmelerde kullanılmaktadırlar (Muniz, 2002).

En sık rastlanan çok aşamalı modeller şöyle sıralanabilir; Ray (1991), Ruggiero (1998), Fried-Lovell (1996) ve Muniz (2002). Aşağıdaki bölümde bu modeller hakkında kısa bilgiler verilmiştir.

5.2.1. Geliştirilen çok aşamalı diğer modeller

Ray (1991) tarafından geliştirilen model, kontrol edilemeyen faktörleri dikkate alan iki aşamalı bir yaklaşımdır. Bu modele göre yapılan VZA'nin ilk aşamasında kontrol edilemeyen girdilere yer verilmemekte ve ikinci aşama olan regresyon aşamasında teknik etkinlik kontrol edilmektedir. Bu yaklaşımım ikinci aşamasındaki regresyon analizi için fonksiyonel bir form gerekmektedir. Bu formun hatalı kurulumu yanlış ölçümlere sebep olabilmektedir (Ruggiero, 1998, 2004).

Ruggiero (1998), Ray (1991)'in modelini genişleterek çoklu kontrol edilemeyen girdilere müsaade eden yeni bir model geliştirmiştir. Bu, kontrol edilemeyen faktörlerin etkilerini ele alabilen bir indeks geliştirebilmek için, regresyon analizini de içinde barındıran üç aşamalı bir modeldir. (Ruggiero, 1998; Muniz et al., 2006).

Fried-Lovell (1996), kontrol edilemeyen girdileri de dikkate alarak diğer modellerin eksikliklerini ortadan kaldırmak ve KVB'lerinin net etkinliğini artırmak amacıyla üç farklı veri zarflama analizinden oluşan bir model geliştirmişlerdir. Daha sonra bu model Muniz (2002) tarafından modifiye edilmiş, literatürde Fried-Lovell (1996) ve Muniz (2002) modeli olarak bahsedilmiştir. Üç aşamadan oluşan bu model sadece radyal etkinlik ölçümüne odaklanmak yerine aynı zamanda sınır üzerindeki eşit orantıdan arta kalan aylak ve artık değişkenlere de odaklanmaktadır. Ayrıca tüm aşamalarda kullanılan VZA sayesinde hiçbir fonksiyonel form gerektirmemektedir (Muniz, 2002; Torrubia et al., 2004; Muniz et al., 2006).

5.2.2. Fried-Lovell (1996) ve Muniz (2002) modeli

Bu model parametrik olmayan etkinlik analizinde kontrol edilemeyen faktörleri dikkate alan diğer modellerin eksikliklerini ortadan kaldırma düşüncesiyle geliştirilmiştir. Modelin amacı, kontrol edilemeyen girdilerin etkisi altındaki

KVB'lerinin net etkinliğini arttırmaktır ve üç aşamalı veri zarflama analizinden oluşmaktadır. İlk aşamada sadece kontrol edilebilir değişkenler dikkate alınırken diğer iki aşamada kontrol edilemeyen değişkenlerin etkileri incelenmektedir. Bu yaklaşımda aylak ve artık değişkenler hakkında bilgi edinilmesi analizin odak noktasıdır (Torrubia et al., 2004; Muniz, 2002).

Fried-Lovell (1996) ve Muniz (2002) modelinin I. aşaması aşağıda açıklandığı gibidir;

I. Aşama

Bu aşamadaki amaç; sadece kontrol edilebilir değişkenlerin dikkate alındığı standart VZA ile her bir KVB için ilk aşamadaki aylak değişkenler, fazla kullanılan girdiler veya yeterli miktarda üretilmeyen çıktıları vermektedir. Fried ve Lovell tarafından girdi minimizasyonu altında kurulan model aşağıdaki gibidir;

Amaç Fonksiyonu

Çıktılar sabit tutularak girdilerin minimum yapılmaya çalışıldığı, girdi minimizasyonu altında yapılacak etkinlik ölçümü için kurulan modelin amaç fonksiyonu aşağıdaki gibidir;

$$\min \theta_k \tag{7}$$

Kısıtlar

$$\sum_{j=1}^{n} \lambda_{jk} \cdot Y_{rj} - s_{rk}^{+} = Y_{rk} \quad ; \quad r = 1,2,....,s \tag{8}$$

$$\sum_{j=1}^{n} \lambda_{jk} \cdot X_{ij} + s_{ik}^{-} = \theta_k \cdot X_{ik} \quad ; \quad i=1,2,....,m \tag{9}$$

$$\sum_{j=1}^{n} \lambda_{jk} = 1, \tag{10}$$

$$\lambda_j, s_{ik}^-, s_{rk}^+ \geq 0 \qquad ; \qquad j=1,2,....,n \qquad (11)$$

Kısıt (8) seti girdi minimizasyonu altında yapılan VZA'da sabit tutulan çıktıların karşılaştırmasını ifade etmektedir. Etkinsiz KVB'lerindeki girdilerin minimum yapılmaya çalışıldığı kısıt ise Eşitlik (9)'da gösterilmektedir. $\sum_{j=1}^{n} \lambda_{jk} = 1$ eşitliği konvekslik kısıtı olarak adlandırılmakta ve etkinlik sınırının ölçeğe göre değişen getiri özelliği göstermesine sebep olmaktadır. Üretim sınırının ölçeğe göre değişken getiri özelliği göstermesi ise işletmelerin teknik etkinlik skorlarının belirlenmesini sağlamaktadır.

Çıktıların ve kontrol edilebilen girdilerin dikkate alındığı bu aşamada her bir KVB için yeterli miktarda üretilmeyen çıktı veya fazla miktardaki kontrol edilebilen girdiler (aylak ve artık değişkenler) belirlenir. Yukarıdaki modelden takip edilebileceği gibi çıktı Y_r, $S_r^+ = s_r^+$ (sadece radyal olmayan bileşik) ile belirlenirken X_i girdisi de benzer şekilde, $S_i^- = (1-\theta_k)\cdot X_i + s_i^-$ (hem radyal hem de radyal olmayan bileşik) ile belirlenebilmektedir. Girdi minimizasyonu altında yapılan analizlerde, yalnızca radyal bileşiklerden bahseden kontrol edilebilen girdiler göz önünde bulundurulmaktadır.

Her bir değişkendeki toplam aylak (radyal ve radyal olmayan) değişkenlerin kullanılması üç aşamalı modeli diğer modellerden ayıran önemli bir faktördür. Diğer VZA modellerinin dayanağı, girdi minimizasyonu veya çıktı maksimizasyonu altında radyal elemanın kullanımıdır. Sadece bu radyal elemana bağlı kalmak bilgi kaybına sebep olmaktadır. Üç aşamalı VZA modelinde hem analiz sonucunda elde edilen aylak ve artık değişkenlere göre yapılan ayarlamalar hem de radyal etkinsizlik vasıtasıyla güçlü etkinlik sınır noktaları belirlenmeye çalışılmakta ve göz ardı edilen bilgi kaybı ortaya koyulmuş olmaktadır. Örneğin Ruggiero (1998) analizinin ikinci aşamasında yalnızca radyal bileşiğe odaklanılmakta ve analizler bilgi kaybı ile sonuçlanmaktadır (Muniz, 2002; Muniz et al., 2006).

II. Aşama

İlk aşamada bulunan aylak değişken, iki farklı etki sebebiyle oluşmaktadır. Bunlardan ilki kontrol edilemeyen girdilerin (ilk analizde yer almayan) etkileri diğeri ise üretimde ortaya çıkan gerçek teknik etkinsizliktir. İkinci aşamanın amacı, iki etkinin miktarı ve arasındaki farklılıkları tespit etmektir.

İkinci aşamanın başlangıcında ya bütün aylak ve artık değişkenler için tek bir VZA uygulanmakta ya da her bir değişkenin aylak ve artık değeri için (her bir kontrol edilemeyen girdinin çalıştırıldığı) farklı VZA modelleri uygulanmaktadır. Fried ve Lovell çok fazla KVB'nin olması durumunda tek bir VZA'nın kullanılmasını fakat az sayıdaki KVB'lerinde her değişken için farklı VZA yapılmasını önermişlerdir.

Son opsiyonun takip edilmesi durumunda her analizde girdi bazlı minimizasyon kullanılır ve her bir değişkenin aylak ve artık değeri için (her bir kontrol edilebilir girdi ve çıktı için model çalıştırılır) farklı VZA yapılır. İlk aşamadan elde edilen toplam aylak değişken değeri ($S_{ij}^{+} = (1-\theta_k)_j \cdot X_{ij} + s_{ij}^{+}$), etkin sınır noktalarını belirlemek için kullanılır ve bir değişkendeki kontrol edilemeyen girdi değerine bağlı aylak değişkenler minimize edilir. Diğer bir ifadeyle kontrol edilemeyen girdilerin gözlenen değerleri vasıtasıyla aylak değişkenler koşullandırılır.

İkinci aşama, aşağıdaki modelle ifade edilmektedir (X_k değişkeni için program aşağıdaki gibidir, toplam aylak değişken değerlerinin dışında tutulan Y_r için ise benzer şekilde olacaktır) (Bosch et al., 2001; Muniz, 2002; Muniz et al., 2006).

Amaç Fonksiyonu

Bu aşamada kontrol edilemeyen faktörler ve toplam aylak değişkenlerin kullanıldığı bir VZA yapılır. Bir faktördeki kontrol edilemeyen girdi değerine bağlı aylak değişkenleri minimize etmeye yarayan amaç fonksiyonu aşağıdaki gibidir;

$$\min \beta_k \tag{12}$$

Kısıtlar

$$\sum_{j=1}^{n} \lambda_{jk} \cdot Z_{lj} - s_{lk}^{*} = Z_{lk} \quad ; \quad l=1,2,\ldots,p \tag{13}$$

$$\sum_{j=1}^{n} \lambda_{jk} \cdot S_{ij}^{+} + s_{ik}^{++} = \beta_k \cdot S_{ik}^{+} \quad ; \quad i=1,2,\ldots,m \tag{14}$$

$$\sum_{j=1}^{n} \lambda_{jk} = 1 \tag{15}$$

$$\lambda_{jk}, s_{rk}^{*}, s_{ik}^{++} \geq 0 \quad ; \quad j=1,2,\ldots,n \tag{16}$$

Kısıt (13) seti aylak değişkenlerin minimizasyonu (girdi minimizasyonu gibi) altında yapılan VZA'da sabit tutulan kontrol edilemeyen girdilerin (çıktıların sabit tutulması gibi) karşılaştırmasını ifade etmektedir. Kontrol edilemeyen girdilerin etkisi altındaki her bir değişken için elde edilecek aylak değişkenleri minimum yapmaya yarayan kısıt ise Eşitlik (14)'te gösterilmektedir. $\sum_{j=1}^{n} \lambda_{jk} = 1$ eşitliği, konvekslik kısıtı olarak adlandırmakta ve etkinlik sınırının ölçeğe göre değişen getiri özelliği göstermesine sebep olmaktadır.

İkinci aşamada her bir değişken için belirlenen sınır, Şekil 5.1'de verilmiştir. Açıklayıcı olabilmesi için bir kontrol edilebilir girdi i ve sadece bir kontrol edilemeyen girdi miktarı "*Z*" ele alınmıştır. Amaç; kontrol edilemeyen girdi miktarı

Z'nin verilen değeri için her bir KVB vasıtasıyla elde edilen minimum aylak ve artık değişkenler 'S_i' ile şekillenen sınırı hesaplamaktır.

Zarflama; KVB'lerinin etkinliği ile belirlenir. Etkin bir KVB, Şekil 5.1'deki A KVB'sinde (S_{iA}) görüldüğü gibi pozitif aylak değişkenlerle ilişkilendirilebilir. Buradaki S_{iA} kontrol edilemeyen girdi değeri Z^* için etkin KVB A tarafından elde edilen minimum aylak değişkenleri ifade eder (Z^* minimum aylak değişken değerini veren kontrol edilemeyen girdi miktarıdır).

Etkinsiz B KVB'i analiz edilmek için Z^* kontrol edilemeyen girdi değerine sahip A KVB gibi etkin kabul edilir ve minimum aylak değişken değeri S_{iB} olarak tespit edilir. S_{iA} ile S_{iB} arasındaki fark (S_{iA} - S_{iB}) B KVB'nin etkinsizliğini ifade eder.

Buna göre ikinci aşamada teknik etkinliğin olması durumunda her bir KVB'nin her değişkeni için minimum aylak değişkenler hesaplanır. Bu değerler, etkin üniteler için geçerli değerler ve etkinsiz üniteler için sınır üzerindeki izdüşümleri vasıtasıyla bulunur. İlk aşamada hesaplanan orijinal aylak değişkenlerin değeri aşağıdaki iki bileşikte verilmiştir.

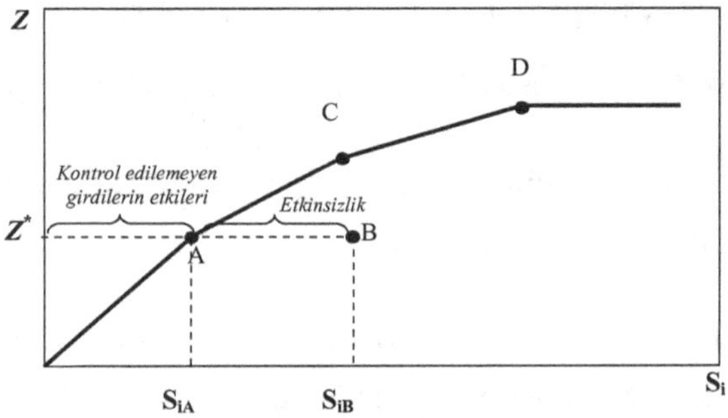

Şekil 5.1 II. Aşamada her bir aylak değişken için belirlenen sınır

Birinci aşamada gözlenen aylak değişkenler, iki farklı etki sebebiyle oluşmaktadır. Bunlardan birincisi kontrol edilemeyen girdilerin etkileri, diğeri ise üretimde ortaya çıkan gerçek teknik etkinsizliktir. Bu etkiler aşağıdaki şekilde ayrılabilmektedir.

- β_k, kontrol edilemeyen girdilerin dikkate alındığı, aylak değişkenleri minimum yapmayı amaçlayan zarflama modelinde en iyi sınırı elde etmek için dikkate alınan k KVB'nin etkinlik değeri; $\left[(1-\theta_k)\cdot X_i + s_i^+\right]_j$ ise ilk aşamadan elde edilen toplam (radyal ve radyal olmayan) aylak değişkenleri ifade etmektedir. Bu faktörlerin gözlenen her bir değeri için hesaplanan minimum aylak değişkenlere karşılık gelen kontrol edilemeyen girdilerin etkileri;

  $\beta_k\left[(1-\theta_k)\cdot X_i + s_i^-\right]_j$ (Şekil 5.1'deki S_{iA})

- β_k, kontrol edilemeyen girdilerin dikkate alındığı durumdaki etkinlik değeri olduğuna göre $(1-\beta_k)$, teknik etkinsizliğin etkilerini ifade etmektedir. Minimum aylak değişkenleri ayırdıktan sonra geriye kalan orijinal aylak ve artık değişkenlerin parçası olabilecek doğru teknik etkinsizlik;

  $(1-\beta_k)\left[(1-\theta_k)\cdot X_i + s_i^-\right]_j$ (Şekil 5.1'deki S_{iB} - S_{iA})

III. Aşama

Ayrıntılı hesaplamadan sonra diğer bir adım her bir birimin orijinal verisini ayarlamaktır. Kontrol edilemeyen girdilere bağlı aylak değişken parçaları ikinci aşamada bulunan sınır (kontrol edilemeyen girdilerin verilen değerleri için her bir KVB vasıtasıyla hesaplanan minimum aylak değişkenlerden oluşmuş) üzerindeki değerdir. Bununla birlikte Muniz (2002) tarafından yapılan modifikasyona göre şayet çıktıların orijinal değerleri artarsa (kontrol edilebilir girdilerin durumunda azalma olursa) ilgili terimdeki etkileri kontrol edilemeyen girdiler yeterli bir şekilde karşılayacaktır. Yani kontrol edilebilir girdilerin (çıktıların) orijinal değerlerinden ikinci aşamada elde edilen minimum aylak (artık) değişkenler çıkarılmış (eklenmiş) olacaktır (Bosch et al., 2001; Torrubia, 2004; Muniz et al., 2006).

Şekil 5.1'deki B biriminin durumundaki ayarlama aşağıdaki gibidir.

$$X_{iB}^{*} = X_{iB} - (S_{iA}) \leq X_{iB}$$

veya genel olarak

$$X_{ij}^{*} = X_{ij} - \beta_k \left[\left(1 - \theta_k\right) \cdot X_i + s_i^- \right]_j \leq X_{ij} \qquad (\forall i = 1,....,m)$$

$$X_{ij}^{*} = X_{ij} - \beta_k \cdot S_{ij}^{-} \qquad (\forall i = 1,....,m)$$

Yeni çıktı değerleri ise;

$$Y_{rj}^{*} = Y_{rj} + S_{rj}^{+} \qquad (\forall r = 1,....,s)$$

ifade edilebilir.

Orijinal değerler yukarıdaki şekilde modifiye edildikten sonra (yani üreticiler üzerindeki kontrol edilemeyen girdilerin etkileri karşılandıktan sonra) yapılan VZA ile üreticilerin etkinlikleri değerlendirilir. Bu aşamada bulunan aylak ve artık değişkenler üreticinin etkinsiz performansından kaynaklanacaktır (Bosch et al., 2001; Muniz et al., 2006).

5.3. Program Analizi

Program analizi; tek aşamalı ve çok aşamalı modellere alternatif olarak Charnes ve ark. (1981) tarafından geliştirilmiş VZA metodolojisinin ilk ampirik uygulamalarından biridir. Bu modelin amacı, üreticilerin bir değerlendirmesini yapmak değil kurulan ardışık zarflamalar vasıtasıyla birkaç üretim programı arasındaki potansiyel etkinlik farkını göstermektir. O nedenle amaç her bir programın göreli etkinliğini test etmektir (Muniz, 2002).

BÖLÜM 6

LİNYİT İŞLETMELERİNİN VERİMLİLİK VE ETKİNLİK ÖLÇÜMÜ

Ülkemiz enerji ihtiyacının yaklaşık % 23'ü kömürden karşılanmakta olup, linyite dayalı elektrik santrallerinde yerli kaynakların payı % 15'tir (DPT, 2006). Ülkemiz elektrik üretiminde yerli kömüre dayalı santrallerin payının artırılarak, dış ülkelere bağımlılığımızın azaltılması gerekmektedir. Ancak, yerli kömür üretiminin artırılması için yeni rezervlerin bulunmasında ve yatırımların finansmanında önemli güçlükler bulunmaktadır.

Bu çerçevede kömür sektöründe, rezervlerinin optimum Şekilde işletilip, enerjide dışa bağımlılığımızın azaltılması ve diğer enerji kaynaklarına iyi bir seçenek oluşturulabilmesi için verimlilik artırıcı çalışmalara hız verilmesi gerekmektedir.

Madencilik sektörü, içerisinde birçok risk ve belirsizlikleri barındıran bir sektördür. Bu sebeple karar problemlerinde kullanılan belirlilik, risk ve belirsizlik ortamlarında yapılan analizlerden yola çıkılarak işletme etkinliklerinin incelenmesi düşünülmüştür.

Belirlilik ortamında karar vermede, seçeneklerin hangi koşullar altında gerçekleşeceği kesin olarak bilinmektedir. Yani ortaya çıkması beklenen olayın gerçekleşme olasılığı bire eşittir. Risk ortamında karar vermede alınacak belirli bir karara ilişkin değişik sayıda koşullar söz konusudur. Her seçeneğin her koşul altında varacağı sonuçlar, belirli bir olasılıkla oluşur. Karar verme, yani seçeneklerin seçimi belirli olasılıklara dayandırılarak yapılır ki bu duruma risk ortamında karar verme denir. Bu tip karar problemlerine stokastik karar problemleri denir. Herhangi bir faaliyetin sonucu bilinmediğinde yani kontrol edilemediğinde durum daha farklıdır.

Kontrol edilemeyen faaliyetin mümkün sonuçlarının olasılık dağılımı hakkında hiç bilgi yok ise belirsizlik durumu vardır (Öztürk, 2002).

Bu çalışmada işletmelerin mevcut rezervler dahilinde daha etkin üretim yapabilmelerine yardımcı olmak amacıyla Banker ve Morey (1986a) modeli ile Fried-Lovell (1996) ve Muniz (2002) modeli, hem belirlilik varsayımında hem de risk ve belirsizlik ortamında incelenmiştir. Bu amaç doğrultusunda Türkiye Kömür İşletmelerine bağlı, sekiz bölgenin (içerisinde birçok işletmeyi barındıran) performans analizi yapılmaya çalışılmış, kontrol edilmeyen faktörlerin etkileri araştırılmış, rezerv, alt ısıl değer ve kükürt oranları gibi kontrol edilemeyen değişkenlerin, işletme etkinliğini göreceli olarak etkilediği ortaya koyulmuştur.

6.1. Karar Verme Birimleri

VZA'nın kullanıldığı modelde Türkiye Kömür İşletmelerine bağlı sekiz işletmenin 2006 yılına ait verileri kullanılmıştır. Veriler Türkiye Kömür İşletmeleri (T.K.I.) kurumundan elde edilmiştir. Ana hedefleri üretimi artırmak, kömür kalitesini iyileştirme çalışmaları yapmak, kömür üretim maliyetlerini en aza indirmek olan T.K.İ'nin ülkenin değişik yerlerinde kömür üretimi ve pazarlamasını yapan 4 adet Müessese Müdürlüğü (Soma, Yatağan, Tavşanlı, Seyitömer) ve bu müesseselere bağlı olarak çalışan 4 adet İşletme Müdürlüğü (Çan, Milas, Ilgın, Orhaneli) bulunmaktadır. Türkiye'nin çok sayıdaki işletmesinin bu 8 müdürlüğe bağlı olması sebebiyle sağlıklı verilerin elde edilebilmesi yalnızca bu Şekilde gerçekleştirilebilmiştir. Dolayısıyla değerlendirmelerin müdürlükler bazında yapılması uygun görülmüştür. Tez çalışmamızda her bir işletme karar verme birimi olarak adlandırılmıştır.

6.2. Kontrol Edilebilen Parametreler

Karar vericinin kontrolü altında olan, istenildiğinde değiştirilebilen parametrelere kontrol edilebilen parametreler denilmektedir. Bu çalışmada yatırım harcamaları ve personel sayısı kontrol edilebilen girdi parametrelerini oluşturmaktadır. Kontrol edilebilen çıktı parametreleri ise her işletmenin satılan üretim miktarı ve elde edilen toplam gelirinden meydana gelmektedir.

6.2.1. Yatırım harcamaları

Yatırım harcamaları, söz konusu yılda işletmeye yapılan yatırım amaçlı harcamalardır. Maden makinalarının büyüklüğüne, maden hazırlık işlerine, tesis sahasının topoğrafyasına, iklim ve ulaşım olanaklarına, yardımcı işletmelere ve çalışanlara sağlanacak konut durumuna göre değişmektedir. Bu çalışmada yapılan yatırım harcamalarının birimi YTL olarak alınmıştır.

6.2.2. Personel sayısı

Personel sayısı, işletmede çalışan memur ve işçi toplamını (adet) ifade etmektedir. Personele ödenen ücretlerde işletme için ayrı bir gider oluşturmakta ve memur+işçi sayısı dolaylı olarak da olsa verimliliği etkilemektedir.

6.2.3. Satılan üretim miktarı

Satılan üretim miktarı, söz konusu yılda satılan kömürün ton olarak miktarını ifade etmektedir. Satılan kömür miktarı, elde edilen gelir ile doğru orantılıdır. Dolayısıyla verimlilik üzerinde de etkilidir.

6.2.4. Toplam gelir

Toplam gelir, incelenen yıl içerisinde satılan kömürden YTL olarak kazanılan paradır. Verimlilik üzerinde doğrudan etkilidir.

6.3. Kontrol edilemeyen parametreler

Madencilik sektöründe kömür rezervi, alt ısıl değeri ve kükürt oranları kontrol edilemeyen girdilerini oluşturmaktadır.

6.3.1. Rezerv

Rezerv, işletilmemiş maden miktarının kısa vade de ekonomik olan ve belirlilik gösteren kısmıdır. Genellikle maden yataklarındaki veriler görünür, muhtemel ve mümkün olmak üzere üç Şekilde sınıflandırılır. Bunlardan görünür rezerv, tam olarak varlığı saptanmış olan rezervdir. Muhtemel rezerv % 70-80 olasılıkla, mümkün rezerv ise % 50'den daha az olasılıkla tahmin edilebilen rezervdir.

Rezerv maden yatağının saptanma durumuna göre de jeolojik, hazır ve teknik olmak üzere üçe ayrılmaktadır. Jeolojik rezerv; yer kabuğunda bulunan mineral miktarının toplamı başka bir deyişle saptanan cevher miktarıdır. Madenciliğin ve tekniğin o anki durumuna göre işletilemeyecek derecede bulunan cevher kısmını da kapsar. Hazır rezerv; jeolojik rezerv içerisinde bulunan sanayinin isteğine uygun ve mevcut teknik ve ekonomik şartlara göre üretimi kârlı olan rezerv miktarıdır. Teknik rezerv ise; hazır rezervden kazılan ve yerüstüne çıkarılan rezervdir. Bu rezervden üretim sırasında olan kayıpların da çıkarılması gerekir.

Analizlerde toplam rezerv (mümkün, muhtemel, görünür ve hazır rezervin toplamından oluşan) ve hazır rezerv verilerinden yararlanılmıştır. Kullanılan veriler 10^3 ton cinsinden değerlendirilmiştir.

6.3.2. Alt ısıl değer

Alt ısıl değer ise bir malzemenin bir kilogramının yanması sonucu ortaya çıkan ısı değerini (kcal/kg) ifade etmektedir. Kullanılan veriler orijinal kömürün alt ısıl değerini ifade etmektedir.

6.3.3. Kükürt oranları

Analizlerde orijinal kömürdeki toplam kükürt oranları kullanılmıştır. Toplam kükürt, kömür numunesi içerisindeki tüm kükürt bileşiklerinin (sülfat, organik, serbest, pirit, kalkopirit vb.) içerdiği kükürdün yüzde (%) olarak ifadesidir (www.taskomuru.com/komur.html).

6.4. Veri Zarflama Analizinin Uygulanması

Önceki bölümlerde bahsedilen kontrol edilemeyen faktörleri dikkate alan girdiye yönelik VZA modellerinden Banker-Morey (1986a) modeli sadece belirlilik varsayımında, Fried-Lovell (1996) ve Muniz (2002) modeli ise hem belirlilik varsayımında hem de risk ve belirsizlik ortamında, GAMS (General Algebraic Modeling System) ile kodlanmış ve çözülmüştür.

GAMS programının avantajları;

- Optimizasyon modeli kolaylıkla tanımlanabilir,

- Problemin matematiksel tanımlanmasında GAMS modelindeki çoğu ifadeler, benzer problemler için yeniden kullanılabilir. Bu durum ortamın sürekli değiştiği modellerde oldukça önemlidir,
- Verileri açık bir Şekilde yazmak yerine formüller vasıtasıyla yazmak, girdi hatalarını azaltır ve zamandan tasarruf sağlar,
- Model otomatik bir dokümantasyondur. Model gelişimi ve model dokümantasyonu, eş zamanlı olarak yapılabildiğinden dokümanın doğru ve günümüze uygun (çağdaş) olması için modelcinin çok dikkatli olması gerekir,
- GAMS çıktıları kolay okunabilir ve kullanılabilir. Çözüm raporu, otomatik olarak yeniden düzenlenebilir. İlgili eşitlikler ve değişkenler, uygun bir Şekilde etiketlenebilir ve gruplanabilir. Sonuçlar kolaylıkla tablo haline getirilebilir (Rosenthal, 2006).

GAMS programı ile elde edilen çıktılar şu bilgileri içermektedir;

- Yazılan GAMS programı, çalıştırıldıktan sonra hataların kontrolü için satır başına sayılar eklenerek yeniden yazılır,
- Planlanan GAMS modelinin yazılıp yazılamadığının kontrolünü sağlamak için bir eşitlik listesi verir,
- Modelin boyutu ile ilgili istatistiksel bilgiler verir,
- Çözüm durumu, model durumu ve amaç fonksiyonunun optimum değeri hakkında bilgi verir,
- KVB'lerin optimum değerleri hakkında bilgi verir,
- KVB'lerin aylak ve artık değerleri hakkında bilgi verir,
- Elde edilen sonuçların kolaylıkla değerlendirilebilmesi ve bir başka GAMS

programına okutulabilmesi için Excel ve GDX (GAMS Data Exchange = sonuç dosyası) dosyası olarak yazdırılmasını sağlar.

6.5. Belirlilik Varsayımında Verimlilik ve Etkinlik Ölçümü

TKİ'ye bağlı linyit işletmelerinin belirlilik varsayımında verimlilik ve etkinlik analizlerini yapmak için Banker-Morey Modeli ile Fried-Lovell ve Muniz Modeli kullanılmıştır (Ek 1, 2, 3, 4). Bu modeller vasıtasıyla etkin ve etkin olmayan işletmeler belirlenmiş, kontrol edilemeyen parametrelerin etkin olmayan işletmeler üzerindeki etkileri tespit edilmiş ve etkin olmayan işletmelerin etkin hale gelebilmeleri için ne yapmaları gerektiği konusunda tavsiyelerde bulunabilmek için referans kümeleri incelenmiştir.

Çizelge 6.1 Belirlilik varsayımında kullanılan veriler

İŞLETMELER	**KONTROL EDİLEMEYEN GİRDİLER**			**KONTROL EDİLEBİLEN GİRDİLER**		**ÇIKTILAR**	
(j) **(k)**	Toplam Rezerv Z_1 (10^3 ton)	Alt Isıl Değer Z_2 *(kcal/kg)*	Kükürt Oranları Z_3 (%)	Yatırım Harcamaları X_1 *(YTL)*	Personel Sayısı X_3 *(adet)*	Satılan Üretim Miktarı Y_1 (ton)	Toplam Gelir Y_2 *(YTL)*
Soma	316550	2705	0,61	10457643	3158	7788116	495200000
Çan	43179	4500	3,81	4153106	532	1340701	83400000
Yatağan	72572	2230	1,41	3221213	1089	4005317	110800000
Milas	150478	1955	3,93	520140	631	6718621	152800000
Tavşanlı	147413	2330	2,17	7759758	2933	3414978	285900000
Ilgın	51307	2776	1,73	892076	182	211566	9300000
Seyitömer	79020	1840	1,03	4660206	1086	4602873	123900000
Orhaneli	51885	2200	2,07	1425464	687	1218771	51400000

Etkinlik analizi değişken ve parametre değerleri kesin olarak biliniyorsa veya saptanabiliyorsa, belirlilik ortamında değerlendirme söz konusudur. Bu bölümde dikkate alınan kontrol edilemeyen girdi değerlerinin bilindiği varsayılmıştır. Kontrol edilemeyen girdilerden rezerv değeri olarak işletmelerin toplam rezervi ve hazır rezervinin, alt ısıl değeri ile kükürt oranlarının da alt ve üst değerlerinin ortalamaları alınmıştır. Belirlilik varsayımında kullanılan veriler Çizelge 6.1'de verilmektedir.

6.5.1. Belirlilik varsayımında Banker-Morey modeli

Charnes (1980), çevresel etkileri de göz önünde bulundurarak etkinlik ölçümünde kullanılan faktörleri; kontrol edilebilen ve kontrol edilemeyen faktörler olmak üzere ikiye ayırmıştır. Kontrol edilemeyen faktörleri dikkate alan ilk VZA modeli ise Banker-Morey (1986a) tarafından geliştirilmiştir. Çıktıların, kontrol edilebilen ve edilemeyen girdilerin tek bir VZA'da incelendiği Banker-Morey modeli ile belirlilik varsayımında yapılan verimlilik ve etkinlik ölçümünün akış diyagramı Şekil 6.1'de gösterilmektedir

6.5.1.1. Banker-Morey modelinin işleyişi ve akış diyagramı

Akış diyagramından da izlendiği gibi tüm işletmelere ait çıktı, kontrol edilebilen ve edilemeyen girdi verilerinin okutulmasından sonra her bir işletmenin (j=1'den n'e kadar) yine tüm işletmelerle kıyaslanarak etkinlik, aylak ve artık değişken değerleri belirlenir. Bu programda bir işletmenin etkinliği 0 ile 1 arasında (yani optimum sonuç) bulunabilirse diğer işletmelerin etkinlikleri araştırılmakta aksi takdirde program sonlandırılmaktadır.

Tüm işletmelerin hesaplanan etkinlik değerleri sıralanmaktadır. Elde edilen sonuçlar kolay değerlendirilebilmeleri ve başka programlarda kullanılabilmeleri için Excel ve GDX dosyası olarak yazdırılmaktadırlar.

Belirlilik varsayımında GAMS paketi kullanılarak kodlanmış Banker-Morey modeli Ek 1'de verilmiştir.

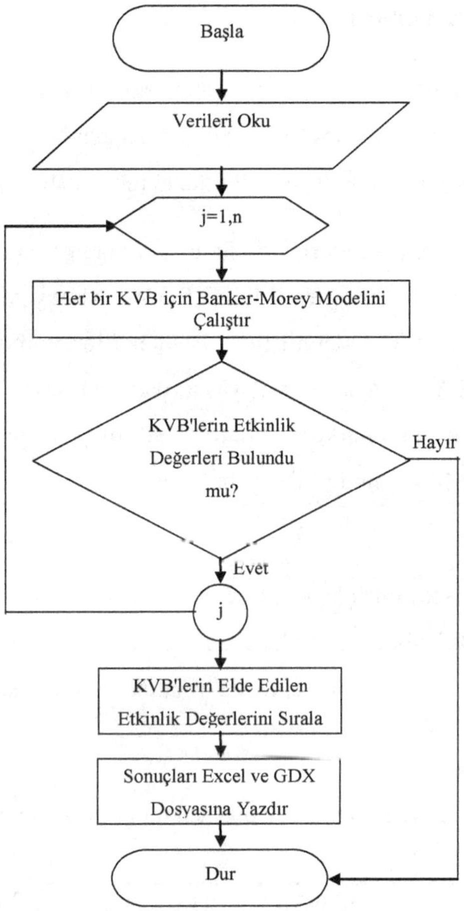

Şekil 6.1 Belirlilik varsayımında Banker-Morey algoritmasının akış diyagramı

6.5.1.2. Çıktılar ve yorum

Bu modeldeki kontrol edilemeyen parametreler, çalışmayı kısıtlar fakat çok aşamalı modellerdeki gibi kontrol edilemeyen girdiler vasıtasıyla yaratılan farklı koşulları dikkate alarak ünitelerin etkinlik değerlerini düzeltmeye çalışmaz.

Kontrol edilemeyen parametrelerin dikkate alınmadığı standart VZA ile tüm parametrelerin tek aşamada değerlendirildiği Banker-Morey Modelinden elde edilen sonuçlar, Çizelge 6.2'de kıyaslanmıştır. Banker-Morey modelinden elde edilen sonuçlar, standart VZA sonuçlarına eşit ya da daha yüksektir. Standart VZA'da 3 işletme etkin olarak bulunurken, kontrol edilmeyen parametrelerin dikkate alınmasıyla (Banker-Morey modeli ile) daha önceden etkinsiz olan 5 işletme de etkin hale gelmiştir.

Bu işletmeler, kömür sektörü için uygun olmayan rezerv, alt ısıl değerleri ve kükürt oranları sebebiyle etkinsizleşen varlıklardır ve kontrol edilmeyen parametrelerin dikkate alınmaması durumunda etkinsiz olarak kabul edileceklerdir şeklinde yorumlanabilir.

Çizelge 6.2 Standart VZA ile belirlilik varsayımında Banker-Morey modelinin kıyaslanması

İŞLETMELER	Standart BCC-VZA Modeli	Belirlilik Varsayımında Banker-Morey Modeli
Soma	1,000	1,000
Çan	0,778	1,000
Yatağan	0,459	1,000
Milas	1,000	1,000
Tavşanlı	0,565	1,000
Ilgın	1,000	1,000
Orhaneli	0,498	1,000
Seyitömer	0,523	1,000

Kontrol edilemeyen parametrelerin dikkate alınmasıyla etkinlik değerlerinin arttığı düşünülebilir fakat bu modelin asıl amacı etkinsiz ünitelerin üretim hedefinin belirlenmesidir.

Banker ve Morey modelinde dikkate alınan değişken sayısının artmasıyla ayırt etme özelliği azalmaktadır. Yaptığımız çalışmada 3 adet kontrol edilemeyen değişken kullanılmasıyla işletmelerin etkinliklerinin arttığı ve tamamının %100 etkin olduğu gözlenmiştir. Değişken sayısının artması, analizlerde kullanılan KVB sayılarının fazla olması durumunda çok büyük bir problem teşkil etmemesine rağmen az sayıdaki KVB'lerin kıyaslanmaları durumunda etkinsizlik kaynağı hakkında genel ve tutarlı sonuçlar elde etmeyi engellemektedir.

Ayrıca bu model gözlenen etkinsizliğin sadece kontrol edilemeyen değişkenlerden kaynaklandığı sonucunu verir. Oysaki işletme etkinsizliği kontrol edilmeyen değişkenlerin yanı sıra teknik etkinsizlikten de kaynaklanabilmektedir. İşte bu noktada etkinsizlik kaynağı hakkında doğru ayrım yapmayı sağlayan Fried-Lovell ve Muniz modeli dikkati çekmektedir.

6.5.2. Belirlilik varsayımında Fried-Lovell ve Muniz modeli

Fried-Lovell ve Muniz modeli üç aşamalı VZA'dan meydana gelmektedir. I. aşamada sadece kontrol edilebilen parametrelerin dikkate alındığı aylak ve artık değişkenleri tespit etmeyi amaçlayan standart VZA, II. aşamada aylak ve artık değişkenleri minimum yapmayı amaçlayan VZA ve III. aşamada kontrol edilemeyen değişkenlerin etkilerinden arındırılmış parametrelerin kullanıldığı yeni bir VZA yapılmaktadır.

6.5.2.1. Fried-Lovell ve Muniz modelinin işleyişi ve akış diyagramları

I. Aşama

Akış diyagramından da izlendiği gibi Fried-Lovell ve Muniz modelinin I. aşamasında girdiye yönelik standart VZA'da olduğu gibi tüm işletmelere ait çıktı ve kontrol edilebilen girdi verilerinin okutulmasından sonra her bir işletmenin (j=1'den n'e kadar) yine tüm işletmelerle kıyaslanarak etkinlik, aylak ve artık değişken değerleri belirlenir. Bu programda bir işletmenin etkinliği 0 ile 1 arasında (yani optimum sonuç) bulunabilirse diğer işletmelerin etkinlikleri araştırılmakta aksi takdirde program sonlandırılmaktadır.

Tüm işletmelerin hesaplanan etkinlik değerleri tablo halinde sıralanmaktadır. Elde edilen sonuçlar, kolay değerlendirilebilmeleri ve başka bir program tarafından okutulabilmeleri için Excel ve GDX dosyasına yazdırılmaktadırlar. Belirlilik varsayımında GAMS paketi kullanılarak kodlanmış Fried-Lovell ve Muniz modelinin I. aşaması Ek 2'de verilmektedir.

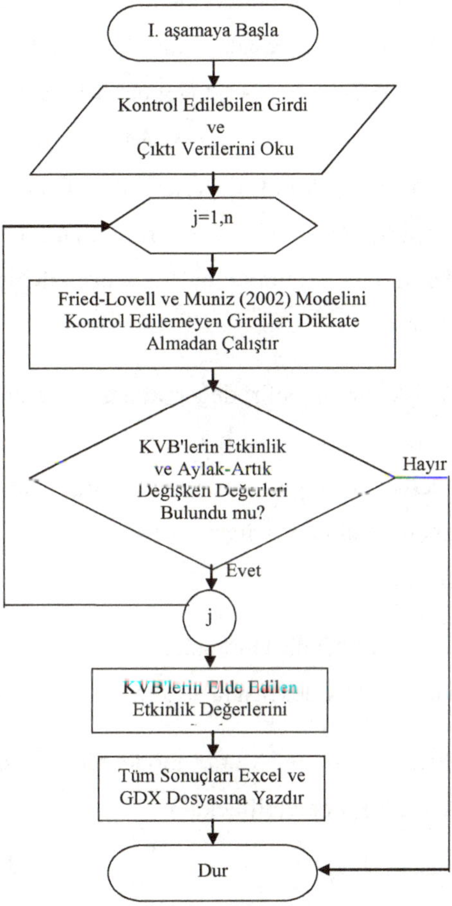

Şekil 6.2 Belirlilik varsayımında Fried-Lovell ve Muniz algoritmasının I. aşamasının akış diyagramı

II. Aşama

Akış diyagramından da izlendiği gibi Fried-Lovell ve Muniz modelinin II. aşamasında, tüm işletmeler için I. aşamada elde edilen aylak, artık değişken ve etkinlik (θ) değeri ile kontrol edilemeyen ve edilebilen girdi verileri okutulur. Her bir işletmenin (j=1'den n'e kadar), yine tüm işletmelerle kıyaslanarak, aylak ve artık değişkenlerini minimum yapacak etkinlik değerleri hesaplanır. Her bir değişkenin (kontrol edilebilir girdi ve çıktı) aylak ve artık değeri için girdi bazlı minimizasyonun kullanıldığı farklı VZA'lar yapılır. Minimum aylak ve artık değişkenler (hedef aylak ve artık değişkenler) belirlenir.

Hedef aylak ve artık değişkenlerin; sıfır değer alması I. aşamadaki etkinsizliğin teknik etkinsizlikten kaynaklandığını, pozitif değer alması ise etkinsizliğin kontrol edilemeyen faktörlerden kaynaklandığını ifade etmektedir. Etkinlik değeri 0 ile 1 arasında (yani optimum sonuç) bulunursa diğer işletmelerin etkinlikleri araştırılır aksi takdirde program sonlandırılır.

Elde edilen sonuçlar, kolay değerlendirilebilmeleri ve başka bir program tarafından okutulabilmeleri için Excel ve GDX dosyasına yazdırılmaktadırlar.

Belirlilik varsayımında Fried-Lovell ve Muniz modelinin II. aşaması için yazılmış GAMS programları Ek 3, 4, 5 ve 6'da verilmektedir.

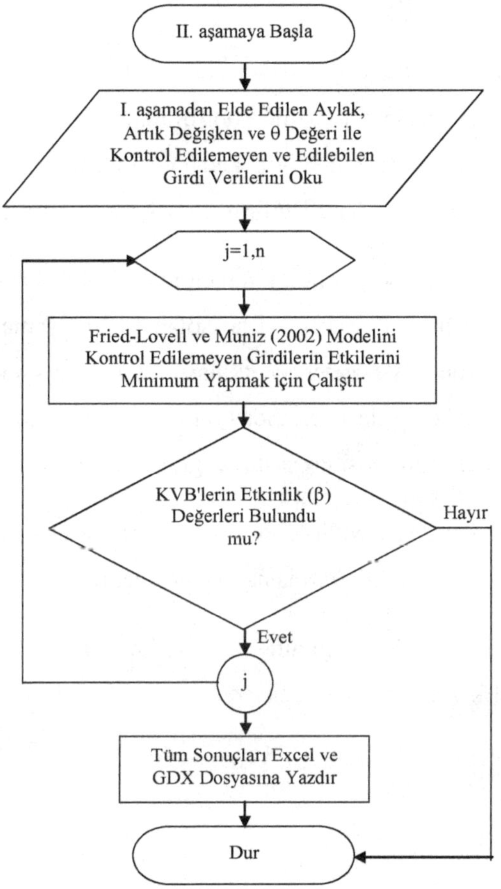

Şekil 6.3 Belirlilik varsayımında Fried-Lovell ve Muniz algoritmasının II. aşamasının akış diyagramı

III. Aşama

III. aşamada, tüm işletmeler için I. aşamadan elde edilen aylak, artık değişken, II. aşamadan elde edilen etkinlik değeri (β) ile kontrol edilebilen girdi ve çıktı verileri okutulur. Her bir işletmenin (j=1'den n'e kadar), kontrol edilemeyen girdilerin etkilerinden kurtulmuş ayarlı kontrol edilebilir girdi değerleri hesaplanır.

Çıktı ve ayarlı girdi değerlerin kullanıldığı standart VZA ile tüm işletmelerin yeni etkinlik ve varsa aylak ve artık değişkenleri hesaplanır. Bu aşamada görülebilecek aylak ve artık değişkenler işletmelerin etkinsiz performansından kaynaklanan değişkenlerdir. Etkinlik değeri 0 ile 1 arasında (yani optimum sonuç) bulunursa diğer işletmelerin etkinlikleri araştırılır aksi takdirde program sonlandırılır.

Elde edilen sonuçlar, kolay değerlendirilebilmeleri ve başka bir program tarafından okutulabilmeleri için Excel ve GDX dosyasına yazdırılmaktadırlar.

Belirlilik varsayımında GAMS programı ile yazılmış Fried-Lovell ve Muniz modelinin III. aşaması Ek 7'de verilmektedir.

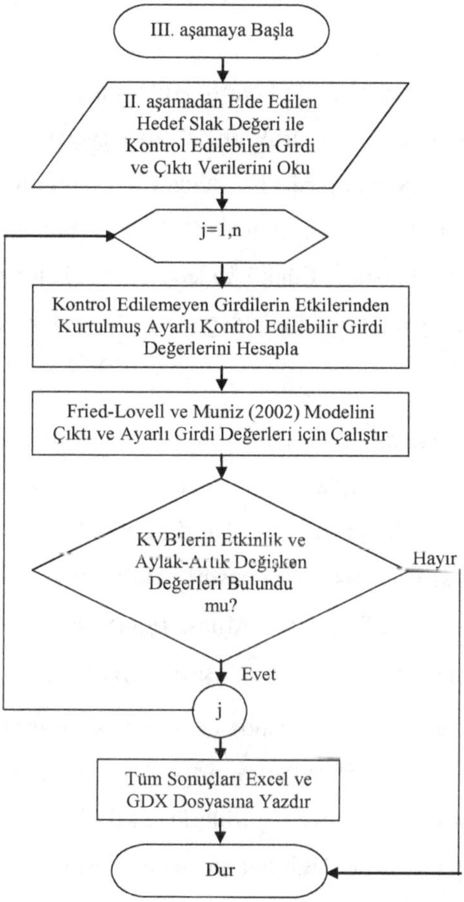

Şekil 6.4 Belirlilik varsayımında Fried-Lovell ve Muniz algoritmasının III. aşamasının akış diyagramı

6.5.2.2. Çıktılar ve yorum

Üç aşamalı modelin ilk aşamasında, iki kontrol edilebilir girdi ve iki çıktının dikkate alınarak yapıldığı VZA'da aylak ve artık değişkenler (yeterli miktarda üretilmeyen çıktı ve fazla miktarda kullanılan girdi) hakkında bilgi edinilmiştir. Çizelge 6.3'ün birinci bölümünden de görülebileceği gibi üç KVB'nin (Soma, Milas, Ilgın) teknik olarak etkin olduğu anlaşılmıştır. Çünkü sadece bu KVB'ler etkinlik için gerekli şartları sağlamaktadırlar (yani θ_k etkinlik değerleri 1'e, aylak ve artık değişken ise sıfıra eşittir).

İkinci aşamada; ilk aşamada elde edilen aylak ve artık değişkenleri, kontrol edilemeyen faktörlerin etkisi altında minimize edecek yeni VZA'lar (değişken sayısı kadar) yapılmıştır. Dört değişken için yapılan dört ayrı VZA'da 3 işletmenin hedef aylak ve artık değerleri sıfır olarak bulunmuştur. Bu işletmeler ilk aşamada da etkin olarak tespit edilen işletmelerdir (Soma, Milas, Ilgın) ve θ_k etkinlik değerleri 1'e, aylak ve artık değişkenleri ise sıfıra eşittir. $\beta_k \cdot \left[(1-\theta_k)\cdot X_i + s_i^+\right]_j$ ve $\beta_k \cdot s_{kj}^-$ formüllerinde değerler yerine koyulduğunda hedef aylak ve artık değişkenlerin sıfıra eşit olduğu gözlenecektir. Hedef aylak ve artık değerleri pozitif olarak belirlenen diğer işletmelerde kontrol edilemeyen girdilerin etkileri gözlenmektedir. Her bir değişken için hedef aylak ve artık değişken incelenecek olursa çıktıların pratik olarak kontrol edilemeyen girdilerden etkilenmediği fakat girdilerin etkilendiği görülmektedir. Hesaplanan hedefler Çizelge 6.3'te verilmiştir

Üçüncü aşamada; kontrol edilemeyen değişkenlerin işletmeler üzerindeki olumsuz etkilerini düzeltmek amacıyla, orijinal model modifiye edilmiştir. Modifikasyon işleminde ikinci aşamada elde edilen hedefler kullanılmıştır. Kontrol edilemeyen girdilerin etkilerini karşılayacak aylak (artık) değerlerinin orijinal girdilerden (çıktılardan) çıkarılması (eklenmesi) sonucunda ayarlanmış girdi değerleri elde edilmiştir. Ayarlanmış veriler Çizelge 6.4'te verilmektedir.

III. aşamada, ayarlı verilerle yapılan VZA ile yeni etkinlik sonuçlarına ulaşılmıştır. Son etkinlik indeksleri Çizelge 6.3'te verilmiştir. Elde edilen sonuçlar incelendiğinde kontrol edilemeyen değişkenlerin hesaba katılmaması durumunda beş KVB'nin (Çan, Yatağan, Tavşanlı, Seyitömer, Orhaneli) zarar görebileceği söylenebilmektedir.

Çizelge 6.3 Belirlilik varsayımında Modifiye edilen Fried-Lovell sonuçları

İşletmeler	*I. aşamadaki Aylak ve Atık Değişkenler*				*I. aşamadaki*
	s_r^-		s_i^+		
	Satılan Üretim	Toplam Gelir	Yatırım	Personel	Etkinlik (θ_k)
Soma	0	0	0	0	1,000
Çan	0	0	2530763	0	0,778
Yatağan	0	0	848752	0	0,459
Milas	0	0	0	0	1,000
Tavşanlı	3719384	0	0	43	0,565
Ilgın	0	0	0	0	1,000
Seyitömer	805268	0	0	0	0,498
Orhaneli	1560743	14530933	1724648	0	0,523
				Ortalama Etkinlik	**0,728**

İşletmeler	*II. aşamadaki Hedef Aylak ve Atık Değişkenler*				*III. aşamadaki*
	$\beta_k \cdot s_{kj}^-$		$\beta_k \cdot \left[(1-\theta_k)\cdot X_i + s_i^+\right]_j$		Etkinlik(θ_k)
	Satılan Üretim	Toplam Gelir	Yatırım	Personel	
Soma	0	0	0	0	1,000
Çan	0	0	3452752	118	0,999
Yatağan	0	0	650448	148	0,602
Milas	0	0	0	0	1,000
Tavşanlı	0	0	1535850	600	0,732
Ilgın	0	0	0	0	1,000
Seyitömer	0	0	520201	70	0,679
Orhaneli	0	0	679946	328	0,847
				Ortalama Etkinlik	**0,857**

Çan işletmesindeki etkinsizliğin neredeyse tamamının kontrol edilemeyen girdilerden (% 99,9) kaynaklandığı tespit edilmiştir. Bunun birkaç sebebi vardır. Birincisi; kömürlerinin kükürt değerinin yüksekliği nedeniyle büyük yerleşim alanlarında yakılmalarına sınırlama getirilmesi, ikincisi ise, saha formasyonlarının özelliği, su problemi ve satıştaki beklenen gelişmenin sağlanamamasından dolayı hızlı bir üretimin yapılamaması sebebiyle sürekli heyelanların olmasıdır. Bu işletmedeki teknik etkinsizlik % 0,1'dir.

Çizelge 6.4 Fried-Lovell ve Muniz modelindeki kontrol edilemeyen girdilerin etkilerinden arındırılmış ayarlı veriler

İşletmeler	Yatırım Harcamaları (YTL)		Personel Sayısı (adet)		Satılan Üretim Miktarı (ton)		Toplam Gelir (YTL)	
	Eski	**Yeni**	Eski	**Yeni**	Eski	**Yeni**	Eski	**Yeni**
Soma	10457643	10457643	3158	**3158**	7788116	**7788116**	495200000	**495200000**
Çan	4153106	**700353**	532	**414**	1340701	**1340701**	83400000	**83400000**
Yatağan	3221213	**2575947**	1089	**830**	4005317	**4005317**	110800000	**110800000**
Milas	520140	**520140**	631	**631**	6718621	**6718621**	152800000	**152800000**
Tavşanlı	7759758	**6223908**	2933	**2205**	3414978	**7134362**	285900000	**285900000**
Ilgın	892076	**892076**	182	**182**	211566	**211566**	9300000	**9300000**
Seyitömer	4660206	**4140005**	1086	**796**	4602873	**5408141**	123900000	**123900000**
Orhaneli	1425464	**794474**	687	**527**	1218771	**2779514**	51400000	**65930933**

Yatağan, Tavşanlı, Seyitömer ve Orhaneli işletmelerindeki etkinsizlik ise neredeyse yarı yarıya kontrol edilemeyen girdiler ve teknik etkinsizlikten kaynaklanmaktadır.

Kontrol edilemeyen girdilerin dikkate alınmadığı I. aşama ile kontrol edilemeyen girdilerin etkilerinin tespit edilmesi sonucunda ayarlanmış girdilerin kullanıldığı III. aşamadan elde edilen sonuçların kıyaslaması Şekil 6.5'te ile Çizelge 6.5'te verilmekte ve incelenen üreticilerin etkinliğindeki genel artış yansıtılmaktadır.

Şekil 6.5 incelendiğinde, kontrol edilemeyen girdi etkilerinin ortalama etkinlik yüzdesi açısından karşılandığı görülecektir. Etkinlik indeksi üzerindeki düzenlemeler, tüm işletmelerde aynı oranda değildir. Bu düzenlemede her işletmenin kömür rezervi, alt ısıl değeri ve kükürt oranları göreceli olarak etkilidir.

Gerek Çizelge 6.5 gerekse Çizelge 6.3 incelenecek olursa Fried-Lovell ve Muniz modelinin III. aşamasında elde edilen etkinlik değerlerinin ve I. aşamasında elde edilenlerden daha yüksek olduğu gözlenebilir. Etkin işletme sayısında bir değişiklik olmamasına rağmen işletmelerin ortalama etkinlikleri artmıştır. Dolayısıyla kontrol edilemeyen değişkenlerin etkinlik indeksi üzerinde etkili olduğu sonucu bir kez daha ispatlanmış olmaktadır. III. aşamanın sonucunda gözlenen aylak ve artık değişkenler ve etkinsizlik değeri, işletmelerin etkinsiz performanslarından kaynaklandığını göstermektedir. Sonuç olarak Çan, Yatağan, Tavşanlı, Seyitömer, Orhaneli işletmelerinin etkinsizlikleri kontrol edilemeyen değişkenlerin yanı sıra teknik etkinsizlikten kaynaklanmaktadır.

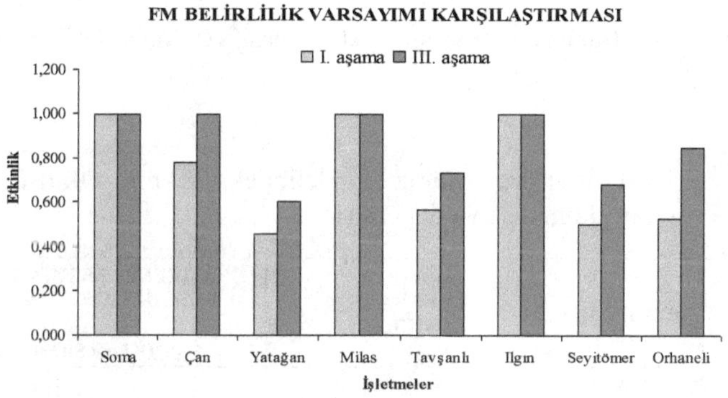

Şekil 6.5 Belirlilik varsayımında Fried-Lovell ve Muniz modelinin I. aşama ve III. aşama sonuçlarının grafiksel gösterimi

Çizelge 6.5 Belirlilik varsayımında Fried-Lovell ve Muniz modelinin I. aşama ile III. aşama'nın istatistiksel kıyaslaması

	I. aşama	**III. aşama**
Etkin işletme sayısı	3	3
Etkin işletme yüzdesi	37,5	37,5
Standart Sapma	0,337	0,108
Etkinsiz işletmelerin ortalama etkinliği	0,565	0,772
Tüm işletmelerin ortalama etkinliği	0,728	0,857

6.5.2.3. Referans kümelerine göre etkinliğin düzenlenmesi

III. aşamada kontrol edilemeyen girdi etkilerinin orijinal girdi ve çıktı değerlerinin üzerinden kaldırılmasından sonra yapılan VZA'da etkinsiz işletmelerle karşılaşılmıştır. Bu etkinsizlik tamamen teknik etkinsizlikten kaynaklanmaktadır. Etkin (zarflanmış yüzey üzerindeki) işletmelerin referans alınmasıyla etkinsiz işletmelerin etkin hale gelebilmeleri için kullanmaları gereken girdi veya çıktı miktarları belirlenebilmektedir. Fried-Lovell ve Muniz modelinin III. aşamasındaki teknik etkinsiz işletmelerin referans kümeleri ve değerleri Çizelge 6.6'da verilmektedir.

Çizelge 6.6 Fried-Lovell ve Muniz modelindeki teknik etkinsiz işletmelerin referans kümeleri ve değerleri

İŞLETMELER	ETKİNLİK	REFERANS KÜMELERİ	REFERANS KÜMELERDEKİ YILLARA AİT DUAL DEĞERLER λ (Küme Sırasına Göre)	
Soma	1,000	*	*	*
Çan	0,999	Milas, Ilgın	0,516	0,484
Yatağan	0,602	Milas, Ilgın	0,707	0,293
Milas	1,000	*	*	*
Tavşanlı	0,732	Soma, Milas	0,389	0,611
Ilgın	1,000	*	*	*
Seyitömer	0,679	Milas, Ilgın	0,799	0,201
Orhaneli	0,847	Milas, Ilgın	0,589	0,411

Aşağıda verilen formül ile girdiye yönelik VZA'da etkinsiz işletmelerin etkinlik skorunun 1,0 yapılabilmesi için gerekli olan girdi değerleri belirlenecektir. Elde edilen sonuçlar, Çizelge 6.7'de verilmiştir. İşletmelerin tavsiye edilen bu girdileri kullanmaları ile teknik olarak etkinliğe ulaşabilecekleri beklenmektedir.

$$X_{ik}^{*} = \sum_{j \in \Re_k} X_{ij} \cdot \lambda_{jk} \qquad i=1,2,3,\ldots\ldots,m$$

X_{ik}^* Etkinsiz k işletmesi için hesaplanan yeni i girdi miktarı,

X_{ij} Referans kümesindeki etkin j işletmesine ait girdi miktarı,

λ_{jk} Etkinsiz k işletmesinin referans kümesindeki etkin j işletmesine ait dual değer.

Çizelge 6.7 incelendiğinde işletme etkinsizliklerinin fazla kullanılan girdi değerlerinden kaynaklandığı görülmektedir. Çan, Yatağan ve Seyitömer işletmelerinin yatırım giderlerinde % 80'lere varan azalma olduğu gözlenmektedir. Diğer işletmelerin personel ve yatırım girdilerinde de yaklaşık %20-55 arasında bir azalmanın olması gerektiği tespit edilmiştir. Başka bir ifadeyle daha az girdi ile söz konusu çıktıları üretebilmelerinin mümkün olduğu saptanmıştır. Yeni girdi değerlerinin kullanılmasıyla işletmeler teknik olarak tamamen etkin hale gelebileceklerdir.

Çizelge 6.7 Fried-Lovell ve Muniz modelinin III. aşamasındaki etkinsiz işletmelerin etkin hale gelebilmeleri için kullanmaları gereken yeni girdi değerleri

	Girdiler		Eski	Yeni	% Azalma
ÇAN	Yatırım	(YTL)	4153106	700017	83,1
	Personel	(adet)	532	413	22,4
YATAĞAN	Yatırım	(YTL)	3221213	628999	80,5
	Personel	(adet)	1089	499	54,2
TAVŞANLI	Yatırım	(YTL)	7759758	4383112	43,5
	Personel	(adet)	2933	1613	45,0
SEYİTÖMER	Yatırım	(YTL)	4660206	595045	87,2
	Personel	(adet)	1086	540	50,3
ORHANELİ	Yatırım	(YTL)	1425464	672838	52,8
	Personel	(adet)	687	445	35,2

Belirlilik varsayımında Fried-Lovell ve Muniz modelindeki kontrol edilemeyen girdilerin etkilerinden arındırılmış ayarlı veriler ile teknik etkinsizliği ortadan kaldırmak için ayarlanan verilerin karşılaştırılması Şekil 6.6 ve Şekil 6.7'de verilmektedir.

Girdi minimizasyonu altında yapılan analizde yalnızca yatırım ve personel değerleri dikkate alınmıştır. Şekiller incelendiğinde etkinsiz işletmelerin yatırım ve personel girdilerinin gereğinden fazla kullanıldığı dikkati çekmektedir. Söz konusu üretim için kullanılan girdi miktarından çok daha azı gerekmektedir. Ayarlı girdilerin (Çizelge 6.7'de verilmektedir) kullanılmasıyla tüm işletmeler etkin hale gelebileceklerdir.

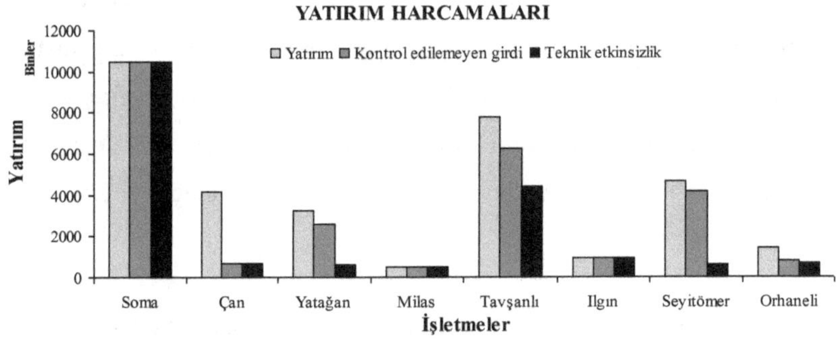

Şekil 6.6 Ayarlı yatırım harcamaları

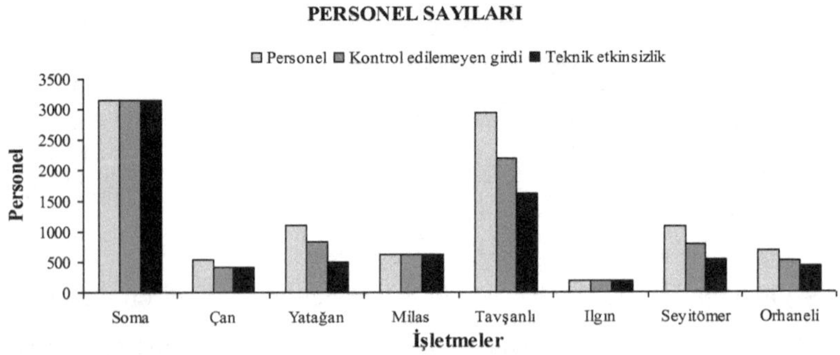

Şekil 6.7 Ayarlı personel sayıları

6.6. Risk ve Belirsizlik Ortamında Verimlilik ve Etkinlik Ölçümü

Madencilik sektörü; rezerv, işletme, pazarlama ve politik konularda birçok risk ve belirsizlikleri barındırmaktadır. Maden yatağının şekli, rezervi, tenörü kesin olarak bilinemediği gibi işletme esnasında su baskını, yangın gibi doğal afetlerle karşılaşmakta mümkündür. Aynı zamanda üretilen cevher fiyatı veya satışı gibi riskler de söz konusudur. Bu sebeple madencilik sektöründe verimlilik ve etkinlik değerlendirmesi yapılırken risk ve belirsizlik unsurları da dikkate alınmalıdır.

Risk; beklenen sonucun olasılık dağılımının yapılabildiği durumları, belirsizlik; ise olasılık dağılımının yapılamadığı durumları açıklamakta kullanılmaktadır. Madencilik sektörünün içerisinde değişik oranlarda jeolojik, topoğrafik, teknolojik ve ekonomik bir takım belirsizlikler içermesi ve bu belirsizliklerinde verimlilik ve etkinlik analizlerinde bir takım riskler oluşturması, risk ve belirsizlik terimleri arasında sınırlama yapmaya engel olmaktadır. Bu sebeple madencilik sektöründe risk ve belirsizlik terimleri eş anlamlı olarak kullanılacaktır.

Analizlerde etkili olan ve kontrolümüz dışında bulunan değişkenlerin, gelecekte alabileceği değerlerinin olasılıklı olarak tahmin edilmesiyle risk ortamında değerlendirme yapılmış olacaktır. Risk ve belirsizlik ortamında yapılan verimlilik ve etkinlik ölçümünde kullanılan veriler Çizelge 6. 8'de verilmiştir.

Çizelge 6.8 Risk ve belirsizlik ortamında yapılan verimlilik ve etkinlik ölçümünde kullanılan veriler

İŞLETMELER	KONTROL EDİLEMEYEN GİRDİLER						KONTROL EDİLEBİLEN GİRDİLER		ÇIKTILAR	
	Rezerv (10^3 ton)		Alt Isıl Değer (Kcal/kg)		Kükürt Oranları (%)		Yatırım Harcamaları (YTL)	Personel Sayısı (adet)	Satılan Üretim Miktarı (ton)	Toplam Gelir (10^5) (YTL)
	Hazır Rezerv	Toplam Rezerv	Alt Değer	Üst Değer	Alt Değer	Üst Değer				
Soma	8683	624416	2070	3340	0,38	0,83	10457643	3158	7788116	4952
Çan	300	86058	4000	5000	1,63	5,98	4153106	532	1340701	834
Yatağan	643	144501	1790	2670	0,99	1,83	3221213	1089	4005317	1108
Milas	1988	298968	1650	2260	3,61	4,24	520140	631	6718621	1528
Tavşanlı	2882	291943	2100	2560	1,50	2,84	7759758	2933	3414978	2859
Ilgın	57	102557	2586	2966	1,66	1,80	892076	182	211566	93
Seyitömer	2265	155774	1600	2080	0,99	1,07	4660206	1086	4602873	1239
Orhaneli	90	103679	1900	2500	1,86	2,27	1425464	687	1218771	514

6.6.1. Kontrol edilemeyen girdilerin olasılık dağılımlarının belirlenmesi

Veri Zarflama Analizi ile risk ve belirsizlik ortamında yapılan etkinlik değerlendirmesinde, stokastik süreçlerin incelenmesine uygunluğu açısından madencilik sektöründe en yaygın olarak kullanılan Monte Carlo benzetim yöntemi seçilmiştir.

Monte Carlo benzetim yöntemi, belirsizliklerin bulunduğu durumlarda kullanılan olasılık ve tahmin kavramlarını esas alan bir yöntemdir. Genelde rassal (random) değişkenlerin sisteme etkisinin incelenmesi için kullanılır. Bu yöntem günümüz simülasyonunun (benzetim) önde gelen yöntemidir (Taha, 2000).

Aynı problemi çözebilecek diğer sayısal yöntemlerle kıyaslandığında Monte Carlo benzetim yönteminin kavramsal olarak basit olması, çözüm formuna özgü bilgilerin ya da çözümün analitik özelliklerinin bilinmesini gerektirmemesi, ucuz ve bilgisayar uygulamasının kolay olması bu yöntemin kullanılabilirliğini arttırmaktadır (http://planetmath.org/encyclopedia/MonteCarloSimulation.html).

Bir maden işletmesinin etkinlik analizinde kontrol edilemeyen faktörlerin dikkate alınması durumunda, bu faktörlerin gelecekte alabilecekleri değerler tahmin edilmek isteniyorsa, hesaplarda kullanılacak değişikliklerin büyük çoğunluğu değişik ölçülerde belirsizlikler içerecektir (örneğin yatağın rezervi % 100 bilinemez). Ancak bunlar tamamen belirsiz de değildir. Hangi değerler arasında değişebileceği ya da hangi değerler etrafında oynayabileceği tahmin edilebilir. İşte bu tahminler olasılık dağılımları ile ifade edildiklerinde Monte Carlo yönteminin verilerini oluştururlar (Nasuf ve Orun, 1990).

Bu modelde gerçek sisteme uygun modeller kurulduktan sonra, kontrol edilemeyen değişkenlerin dağılımlarına uygun olarak rassal örneklemeler yapılmaktadır. Örneklenen değerlerle model belirli sayıda işletilmekte ve alınan sonuçlar istatistiki olarak değerlendirildikten sonra işletmenin beklenen etkinlik değerleri tespit edilmektedir (Konuk, 1988).

6.6.1.1. Modelin kurulması

Gerçek sistemin benzeri olan model sistemin değişkenleri arasındaki ilişkileri matematiksel ve mantıksal simgelerle sağlar. Güvenilir bir model kurmak için, etkisi olabilecek bütün değişkenleri çözüme katmak gerekir (Konuk, 1988).

Belirlilik varsayımında yapılan analizlerden de görülebileceği gibi kontrol edilebilen ve edilemeyen faktörlerin birlikte incelendiği Banker-Morey modelinde, kontrol edilemeyen faktörlerin çok fazla değerlendirilmediğine dikkat çekilerek bu modelin özellikle etkin ünitelerin belirlenmesinde geçersiz olduğu tespit edilmiştir. Tek aşamalı model işletmelerin çoğunluğunu etkin olarak belirlemektedir. Mevcut çalışmada da 8 işletmeden 8'i de etkin olarak tespit edilmiştir. Oysaki etkin işletme sayısının fazla bulunduğu değil, işletmelerin verimli çalışmalarının değerlendirildiği modelleri seçmek gerekmektedir. Bu sebeple Banker-Morey modeli risk ve belirsizlik ortamında yapılan analizlerin dışında tutulmuştur.

Risk ve belirsizlik ortamında kontrol edilemeyen parametreleri dikkate alarak yapılan etkinlik analizinde, gözlenebilecek etkinsizliğin kontrol edilemeyen girdilerden mi yoksa teknik etkinsizlikten mi kaynaklandığı konusunda bize ayrıntılı açıklama yapmayı sağlayan ve son yıllarda geliştirilmiş olan Fried-Lovell (1996) ve Muniz (2002) modelinin kullanılması uygun görülmüştür.

6.6.1.2. Risk ve belirsizlik ortamında rassal sayıların elde edilmesi

Monte Carlo yönteminin kabul edilebilir doğruluktaki çözümleri için çok sayıda örneğe gereksinim duyulmaktadır. Tekrarlama (iterasyon) sayısına bağlı olarak bu yöntemin hata sınırı düşmektedir. Dolayısıyla çözümde bir ondalık hassasiyeti sağlayabilmek için tekrarlama sayısının 10^2 = 100 kez daha fazla olması gerekmektedir. Beş ondalık basamak hassasiyeti sağlanmak istenirse tekrarlama sayısı 10^{10} kadar olmalıdır. Yaptığımız çalışmada 100 adet tekrarlama sayısının kullanılması uygun görülmüş ve her işletmenin 100'er adet değerlendirilmesinin yapılabilmesi için üç kontrol edilemeyen değişkenin olasılık dağılımlarına uygun örneklenmelerinde 2400 adet rassal sayı kullanılmıştır.

Kontrol edilemeyen değişkenlerden rassal örneklemeler yapabilmek için 0 ile 1 arasında tekdüze dağılmış rassal sayılar gereklidir. Rassal sayılar, bir önceki sayıya bakılmaksızın her seferinde gerçekleşme olasılığı aynı olan sayılar dizisidir. Tekdüze dağılmış rassal sayılar, GAMS (General Algebraic Modeling System)'da yazılmış program sayesinde elde edilmiştir. Yazılan Program Ek 8 'de elde edilen rassal sayılar ise Ek 9, 10 ve 11'de verilmiştir.

6.6.1.3. Parametrelerin rassal örneklenmesi

İşletmelerin kontrol edilemeyen değişkenlerinin olasılık dağılımlarına uygun örneklemelerin yapılabilmesi için tekdüze dağılımdan elde edilen rassal sayıların dönüştürülmesi gerekmektedir. İstatistiksel anlamda dönüşüm, herhangi bir dağılımdan örnekleme yapmak demektir.

Tekdüze dağılımlı sayıların, kontrol edilemeyen değişkenlerin olasılık dağılımlarından örnekleme için dönüştürme işleminde birçok teknik kullanılmasına rağmen madencilik analizlerinde genellikle üçgen ve normal dağılımlı değişkenlerle çalışılmaktadır.

Kontrol edilemeyen değişkenlerin değerlerinin belirsiz olduğu durumlarda, bunların gelecekte alabilecekleri değerlerle ilgili olarak nokta tahminler yerine aralık tahminleri yapıldığında, işletmenin geleceğini etkileyebilecek tüm koşullar hakkında bilgi sahibi olunmasına yardımcı olması açısından üçgen dağılım tekniğinin kullanılması uygun görülmüştür.

Üçgen Dağılım

Değişkenlerin alabileceği en küçük, olası ve en büyük değerlerinin tahmin edilmesi mümkündür. Elde edilen bu tahminlerle değişkenlerin olasılık dağılımının üçgen olduğu kabul edilir.

Üçgen dağılıma uyan rassal değişkenin (X) en küçük (k), olası (m) ve en büyük (b) değerleri için olasılık yoğunluk fonksiyonu:

$$f(X)=\frac{(X-k)^2}{(m-k)\cdot(b-k)} \quad , \quad k \le X \le m$$

$$f(X)=1-\frac{(b-X)^2}{(b-k)\cdot(b-m)} \quad , \quad m \le X \le b$$

şeklinde ifade edilmektedir. Burada *f(X)*, üçgen dağılımlı değişkenin olasılık yoğunluk fonksiyonunu göstermektedir. Şekil 6.8'de üçgen dağılımın parametreleri görülmektedir.

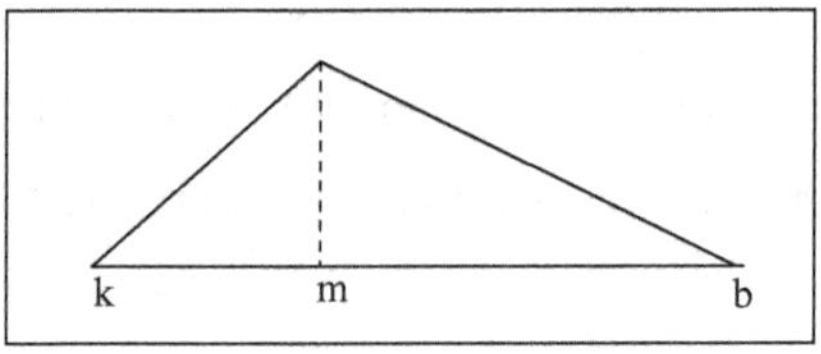

Şekil 6.8 Üçgen dağılımın parametreleri

En küçük değer *k*, olası değeri *m* ve en büyük değeri *b* olan üçgen dağılımın aritmetik ortalaması (μ) ve standart sapması (σ) ;

$$\mu=\frac{k+m+b}{3}$$

$$\sigma=\sqrt{\frac{k(k-m)+m(m-b)+b(b-k)}{18}}$$

eşitlikleri yardımıyla hesaplanabilir.

X rassal değişkeninin *k* ve *b* aralığında alabileceği değerlerin toplam olasılığı;

$\int_{k}^{b} f(X)=1$'dir.

Tekdüze dağılımdan elde edilen U rassal sayısı ile üçgen dağılımlı kontrol edilemeyen değişken için rassal örneklemede;

$$X = k + \sqrt{(m-k)\cdot(b-k)\cdot U} \quad , \quad 0 \leq U \leq (m\text{-}k) / (b\text{-}k)$$

$$X = b - \sqrt{(b-k)\cdot(b-m)\cdot(1-U)} \quad , \quad (m\text{-}k) / (b\text{-}k) < U \leq 1$$

dönüşümleri yapılarak X rassal değişkeninin değeri hesaplanabilir.

TKİ'den elde edilen verilere göre kontrol edilemeyen girdilerden rezervin; hazır rezerv değeri alt değer ve toplam rezerv değeri ise üst değer olarak kabul edilmiştir. Alt ısıl değer ve kükürt oranlarında ise alt-üst değerleri kullanılmıştır. Kontrol edilemeyen parametrelerin verilen aralık değerleri içerisinde rassal örneklenmesi Ek 12'de verilen GAMS programı ile sağlanmıştır. Program sonucunda elde edilen değerler Ek 13, 14 ve 15'te verilmiştir.

Parametrelerin rassal örneklenmesi sonucunda her işletme için bulunan 100'er adet rezerv, alt ısıl değer ve kükürt oranları, risk ve belirsizlik ortamında yapılan analizlerin verilerini oluşturmaktadır.

6.6.2. Risk ve belirsizlik ortamında Fried-Lovell ve Muniz modeli

İncelenecek tüm işletmeler için rassal örneklemeler sonucunda elde edilen tahmini kontrol edilemeyen girdiler ile sabit çıktı ve kontrol edilebilen girdi değerleri kullanılarak Fried-Lovell ve Muniz modeli ile risk ve belirsizlik ortamında verimlilik ve etkinlik analizi yapılmıştır.

Bu model üç aşamalı VZA'dan meydana gelmektedir. İlk aşamasında çıktı ve kontrol edilebilen girdi değerleriyle yapılan standart VZA'da üretilmeden kalan çıktı ve fazla kullanılan girdi hakkında bilgi edinilmektedir. İkinci aşamada üretilmeden kalan çıktı ve fazla kullanılan girdi değerlerini minimuma ulaştırmayı amaçlayan VZA yapılmaktadır. Üçüncü aşamada ise ikinci aşamada bulunan sonuçlara göre ayarlanan yeni çıktı ve kontrol edilebilen girdi değerleriyle yeniden yapılan VZA analizi ile işletmelerin etkinlikleri belirlenebilmektedir. Bu model ile söz konusu olabilecek etkinsizliğin teknik etkinsizlik mi, yoksa kontrol edilemeyen girdilerden mi kaynaklandığı hakkında bilgi edinilebilmektedir.

6.6.2.1. Fried-Lovell ve Muniz modelinin işleyişi ve akış diyagramları

I. Aşama

Bu aşamada kontrol edilemeyen parametreler dikkate alınmadığından belirlilik ortamında incelenen Fried-Lovell ve Muniz modelinin I. aşamasında standart VZA aynen uygulanmaktadır (akış diyagramı Şekil 6.9).

Akış diyagramından da incelenebileceği gibi tüm işletmelere ait çıktı ve kontrol edilebilen girdi verilerinin okutulmasından sonra her bir işletmenin (j=1'den n'e kadar) yine tüm işletmelerle kıyaslanarak etkinlik, aylak ve artık değişken değerleri belirlenir. Bu programda bir işletmenin etkinliği 0 ile 1 arasında (yani optimum sonuç) bulunabilirse diğer işletmelerin etkinlikleri araştırılmakta aksi takdirde program sonlandırılmaktadır. Tüm işletmelerin hesaplanan etkinlik değerleri Excel ve GDX dosyasına yazdırılmaktadır. Risk ve belirsizlik ortamında GAMS paketi kullanılarak kodlanmış Fried-Lovell ve Muniz modelinin I. aşaması Ek 16'da verilmektedir.

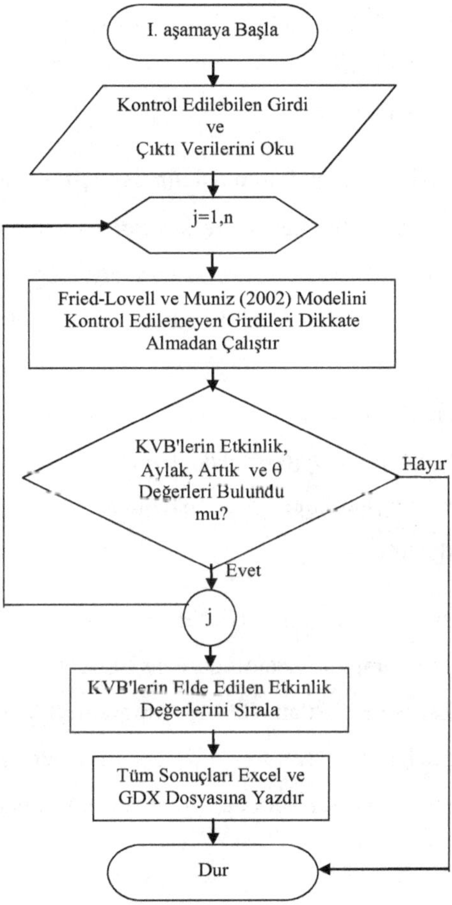

Şekil 6.9 Risk ve belirsizlik ortamında Fried-Lovell ve Muniz algoritmasının I. aşamasının akış diyagramı

II. Aşama

Fried-Lovell ve Muniz modelinin II. aşamasında etkinsiz işletmelerin fazla kullanılan girdileri ve üretilmeden kalan çıktıları kontrol edilemeyen girdi değerlerine göre minimum yapılmaya çalışılmaktadır.

Akış diyagramından da izlendiği gibi tüm işletmeler için I. aşamada elde edilen aylak, artık değişken ve etkinlik (θ) değeri ile kontrol edilebilen girdi ve her rassal sayı için elde edilen rezerv, alt ısıl değer ve kükürt oranları okutulur. Tüm rassal sayılar için her bir işletme (j=1'den n'e kadar) 100 (d=1'den 100'e kadar) defa diğer işletmelerle kıyaslanarak aylak ve artık değişkenlerini minimum yapacak etkinlik değerleri hesaplanır. Elde edilen etkinlik değerleri ile minimum aylak ve artık değişkenler (hedef aylak ve artık değişkenler) belirlenir. Etkinlik değeri 0 ile 1 arasında (yani optimum sonuç) bulunursa diğer işletmelerin etkinlikleri araştırılır aksi takdirde program sonlandırılır.

Tüm işletmelerin hesaplanan etkinlik değerleri Excel ve GDX dosyasına yazdırılmaktadır. Risk ve belirsizlik ortamında Fried-Lovell ve Muniz modelinin II. aşamasında yatırım girdisi için yazılan GAMS programı Ek 17'de verilmektedir. Belirlilik varsayımında yazılan programlara benzer Şekilde personel girdisi ile satılan üretim miktarı ve toplam gelir çıktıları için de ayrı ayrı programlar yazılmıştır.

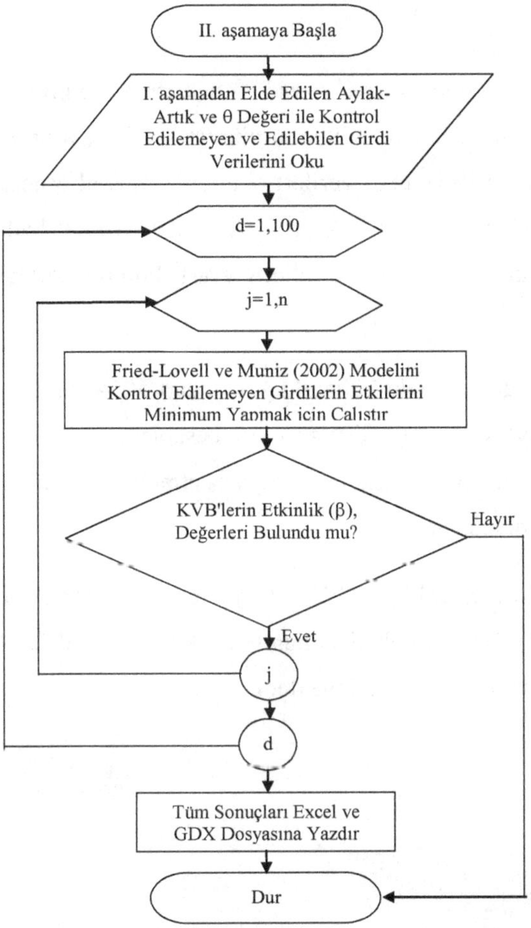

Şekil 6.10 Risk ve belirsizlik ortamında Fried-Lovell ve Muniz algoritmasının II. aşamasının akış diyagramı

III. Aşama

III. aşamada, tüm işletmelere ait rassal örneklenen kontrol edilemeyen girdi değerlerine göre II. aşamada elde edilen minimum aylak ve artık değişken değerleri ile kontrol edilebilen girdi ve çıktı verileri okutulur. Rassal örneklemelere göre her bir işletmenin (j=1'den n'e kadar), 100 (d=1'den 100'e kadar) defa kontrol edilemeyen girdilerin etkilerinden kurtulmuş ayarlı kontrol edilebilir girdi ve çıktı değerleri hesaplanır.

Ayarlı girdi ve çıktı değerlerinin kullanıldığı standart VZA ile tüm işletmelerin yeni etkinlik ve varsa aylak ve artık değişkenleri hesaplanır. Etkinlik değeri 0 ile 1 arasında (yani optimum sonuç) bulunursa diğer işletmelerin etkinlikleri araştırılır aksi takdirde program sonlandırılır.

Elde edilen sonuçlar, Excel ve GDX dosyasına yazdırılmaktadırlar. Risk ve belirsizlik ortamında GAMS paketi kullanılarak kodlanmış Fried-Lovell ve Muniz modelinin III. aşaması Ek 20'de verilmektedir.

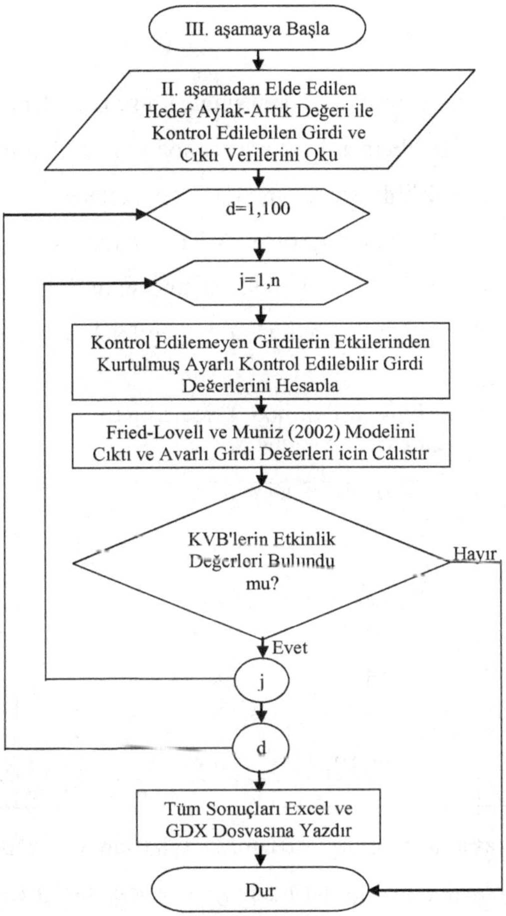

Şekil 6.11 Risk ve belirsizlik ortamında Fried-Lovell ve Muniz algoritmasının III. aşamasının akış diyagramı

6.6.2.2. Çıktılar ve yorum

Fried-Lovell ve Muniz modelinin ilk aşamasında kontrol edilemeyen değişkenler dikkate alınmadığından dolayı belirlilik varsayımında elde edilen etkinlik ve aylak-artık değişken değerleri belirlilik varsayımında elde edilenlerle aynıdır. Çizelge 6.9'da verilen sonuçlar incelendiğinde Soma, Milas ve Ilgın dışındaki işletmelerin etkinsiz olduğu görülmektedir. Bu aşamada işletme etkinlikleri üzerinde kontrol edilemeyen girdilerin hiçbir etkisinin olmadığı kabul edilmektedir.

Çizelge 6.9 Risk ve belirsizlik ortamında Fried-Lovell ve Muniz modelinin I. aşamasından elde edilen sonuçlar

İşletmeler	*I. aşamadaki Aylak ve Atık Değişkenler*				*I. aşamadaki* Etkinlik (θ_k)
	s_r^-		s_i^+		
	Satılan Üretim	Toplam Gelir	Yatırım	Personel	
Soma	0	0	0	0	1,000
Çan	0	0	2530763	0	0,778
Yatağan	0	0	848752	0	0,459
Milas	0	0	0	0	1,000
Tavşanlı	3719384	0	0	43	0,565
Ilgın	0	0	0	0	1,000
Seyitömer	805268	0	0	0	0,498
Orhaneli	1560743	14530933	1724648	0	0,523
				Ortalama Etkinlik	**0,728**

İkinci aşamada; ilk aşamada elde ettiğimiz aylak-artık değişkenleri kontrol edilemeyen girdilerin olasılık dağılımlarına uygun örneklemelerine göre minimum yapacak etkinlik değerlerini belirlemek için yeni bir VZA yapılmaktadır. Ulaşılan sonuçlar bizim hedef aylak ve artık değişkenlerimizi oluşturmaktadırlar. Her işletme için 100 kez tekrarlanan analizlerden elde edilen hedef aylak ve artık değişkenler Ek 18 ve 19'da verilmiştir. Hedef değerler şayet sıfır ise ilk aşamada bulunan aylak ve artık değişkenlerin tamamen teknik etkinsizlikten, şayet pozitif ise buradaki aylak ve artık değişkenlerin kontrol edilemeyen girdilerden kaynaklandığı anlaşılmaktadır.

Monte Carlo benzetim yöntemine göre yeniden incelenen Fried-Lovell ve Muniz modelinin dört değişkeni (yatırım harcamaları, personel sayısı, satılan üretim miktarı ve toplam gelir) için kontrol edilemeyen girdilerin rassal örneklemelerine göre 3 (Soma, Milas, Ilgın) işletmenin hedef aylak ve artık değişkenleri sıfır olarak bulunmuştur. Bu işletmeler ilk aşamada da etkin olarak tespit edilmişlerdir.

Tüm rassal örneklemelerden elde edilen sonuçlarda Çan, Yatağan, Tavşanlı, Seyitömer ve Orhaneli işletmelerinin hedef aylak ve artık değişkenlerinin kontrol edilemeyen girdilerin etkilerinden dolayı arttığı veya azaldığı gözlenmektedir. Yapılan analizlerde çıktıların pratik olarak kontrol edilemeyen girdilerden etkilenmediği belirlenmiştir.

Üçüncü aşamada; kontrol edilemeyen parametrelerin işletme etkinliği üzerindeki olumsuz etkilerini düzeltmek amacıyla modifiye edilen orijinal VZA'da ikinci aşamada elde edilen hedef aylak ve artık değişken değerleri kullanılmıştır. Tüm rassal örneklemeler için kontrol edilemeyen girdilerin etkilerini karşılayacak aylak artık değerlerin orijinal girdilerden (çıktılardan) çıkarılması (eklenmesi) sonucunda ayarlı girdi değerleri elde edilmiştir. Bu verilerle yapılan VZA'da kontrol edilemeyen girdi değerlerinin de dikkate alındığı yeni etkinlik değerlerine ulaşılmıştır.

Tüm rassal örneklemelere göre belirlenen yeni etkinlik değerleri Çizelge 6.10'da verilmektedir. Çan işletmesinin etkinliği % 99,99 olup, hedef aylak ve artık değişken değerlerinin pozitif olması sebebiyle buradaki etkinsizliğin büyük bölümünün kontrol edilemeyen girdilerden kaynaklandığı ve teknik etkinsizliğin çok az da olsa etkilediği söylenebilir. Yatağan, Tavşanlı, Seyitömer ve Orhaneli işletmelerindeki etkinlik değerlerinin ilk aşamaya oranla artış gösterdiği tespit edilmiştir. Her ne kadar etkinlik değerlerinde artış gözlense de bu aşamada elde edilen aylak-artık değişkenler teknik etkinsizliğin olduğunu işaret etmektedir.

Çizelge 6.11'de risk ve belirsizlik ortamında Fried-Lovell ve Muniz modelinin III. aşamasından elde edilen etkinlik sonuçlarının ortalama ve standart sapması verilmektedir.

Çizelge 6.10 Risk ve belirsizlik ortamında Fried-Lovell ve Muniz modelinin III. aşamasından elde edilen etkinlik sonuçları

Rassal Sayılar	Soma	Çan	Yatağan	Milas	Tavşanlı	Ilgın	Seyitömer	Orhaneli
d1	1,0000	0,9999	0,5957	1,0000	0,7108	1,0000	0,5833	0,8629
d2	1,0000	0,9999	0,8998	1,0000	0,9997	1,0000	0,5586	0,8412
d3	1,0000	0,9999	0,7011	1,0000	0,7689	1,0000	0,5899	0,8570
d4	1,0000	0,9999	0,5144	1,0000	0,8322	1,0000	0,5586	0,7575
d5	1,0000	0,9999	0,5144	1,0000	0,9997	1,0000	0,7627	0,8199
d6	1,0000	0,9999	0,6680	1,0000	0,9997	1,0000	0,9995	0,9979
d7	1,0000	0,9999	0,6197	1,0000	0,6748	1,0000	0,5599	0,7674
d8	1,0000	0,9999	0,5144	1,0000	0,6134	1,0000	0,6348	0,8228
d9	1,0000	0,9999	0,6398	1,0000	0,6605	1,0000	0,6284	0,8261
d10	1,0000	0,9999	0,5144	1,0000	0,6172	1,0000	0,6385	0,8570
d11	1,0000	0,9999	0,6116	1,0000	0,6312	1,0000	0,6968	0,8929
d12	1,0000	0,9999	0,9995	1,0000	0,7524	1,0000	0,5586	0,8169
d13	1,0000	0,9999	0,5144	1,0000	0,6234	1,0000	0,6068	0,8494
d14	1,0000	0,9999	0,5372	1,0000	0,6210	1,0000	0,5895	0,7795
d15	1,0000	0,9999	0,5355	1,0000	0,6102	1,0000	0,5586	0,7845
d16	1,0000	0,9999	0,5787	1,0000	0,6270	1,0000	0,8660	0,7666
d17	1,0000	0,9999	0,5383	1,0000	0,6391	1,0000	0,6381	0,7575
d18	1,0000	0,9999	0,5949	1,0000	0,9997	1,0000	0,7422	0,9211
d19	1,0000	0,9999	0,5585	1,0000	0,7020	1,0000	0,8475	0,8040
d20	1,0000	0,9999	0,5230	1,0000	0,9997	1,0000	0,6280	0,8608
d21	1,0000	0,9999	0,9995	1,0000	0,7320	1,0000	0,7027	0,8274
d22	1,0000	0,9999	0,5920	1,0000	0,6524	1,0000	0,5586	0,8122
d23	1,0000	0,9999	0,5144	1,0000	0,6128	1,0000	0,5586	0,8527
d24	1,0000	0,9999	0,5144	1,0000	0,9997	1,0000	0,7372	0,8570
d25	1,0000	0,9999	0,6270	1,0000	0,9997	1,0000	0,6668	0,8355
d26	1,0000	0,9999	0,5144	1,0000	0,6391	1,0000	0,7552	0,8157
d27	1,0000	0,9999	0,5144	1,0000	0,9997	1,0000	0,9995	0,8570
d28	1,0000	0,9999	0,5916	1,0000	0,6193	1,0000	0,8453	0,8139
d29	1,0000	0,9999	0,5144	1,0000	0,6559	1,0000	0,6801	0,8844
d30	1,0000	0,9999	0,5338	1,0000	0,6563	1,0000	0,5913	0,7613
d31	1,0000	0,9999	0,5144	1,0000	0,6160	1,0000	0,5637	0,8091
d32	1,0000	0,9999	0,5505	1,0000	0,6160	1,0000	0,6549	0,8086
d33	1,0000	0,9999	0,6825	1,0000	0,8122	1,0000	0,6796	0,8146
d34	1,0000	0,9999	0,5144	1,0000	0,6375	1,0000	0,5586	0,8645
d35	1,0000	0,9999	0,6183	1,0000	0,6442	1,0000	0,8263	0,8570
d36	1,0000	0,9999	0,5144	1,0000	0,7125	1,0000	0,5586	0,8900
d37	1,0000	0,9999	0,6206	1,0000	0,9997	1,0000	0,7627	0,9997
d38	1,0000	0,9999	0,7468	1,0000	0,7243	1,0000	0,6597	0,7923
d39	1,0000	0,9999	0,8950	1,0000	0,8011	1,0000	0,8652	0,7674
d40	1,0000	0,9999	0,5720	1,0000	0,9997	1,0000	0,5586	0,9226
d41	1,0000	0,9999	0,6398	1,0000	0,6241	1,0000	0,7201	0,9227
d42	1,0000	0,9999	0,5144	1,0000	0,9997	1,0000	0,9319	0,8866
d43	1,0000	0,9999	0,6099	1,0000	0,9997	1,0000	0,5916	0,7711
d44	1,0000	0,9999	0,5144	1,0000	0,6722	1,0000	0,8790	0,7998
d45	1,0000	0,9999	0,5720	1,0000	0,6181	1,0000	0,5699	0,7903
d46	1,0000	0,9999	0,9995	1,0000	0,9015	1,0000	0,7869	0,9997
d47	1,0000	0,9999	0,5663	1,0000	0,8670	1,0000	0,5602	0,9748
d48	1,0000	0,9999	0,8213	1,0000	0,9997	1,0000	0,9995	0,7778
d49	1,0000	0,9999	0,6138	1,0000	0,9997	1,0000	0,5586	0,9034
d50	1,0000	0,9999	0,7276	1,0000	0,9997	1,0000	0,6389	0,9311

Çizelge 6.10 devam ediyor

Rassal Sayılar	Soma	Çan	Yatağan	Milas	Tavşanlı	Ilgın	Seyitömer	Orhaneli
d51	1,0000	0,9999	0,5487	1,0000	0,6449	1,0000	0,7876	0,8155
d52	1,0000	0,9999	0,5783	1,0000	0,6210	1,0000	0,6810	0,8665
d53	1,0000	0,9999	0,5144	1,0000	0,6663	1,0000	0,6700	0,8570
d54	1,0000	0,9999	0,5144	1,0000	0,9997	1,0000	0,5586	0,8570
d55	1,0000	0,9999	0,8080	1,0000	0,9997	1,0000	0,6159	0,9256
d56	1,0000	0,9999	0,5144	1,0000	0,6729	1,0000	0,5934	0,8532
d57	1,0000	0,9999	0,8190	1,0000	0,6407	1,0000	0,6109	0,9751
d58	1,0000	0,9999	0,6147	1,0000	0,9997	1,0000	0,6805	0,8570
d59	1,0000	0,9999	0,5144	1,0000	0,9997	1,0000	0,5586	0,8385
d60	1,0000	0,9999	0,8614	1,0000	0,9997	1,0000	0,8081	0,9997
d61	1,0000	0,9999	0,5144	1,0000	0,9997	1,0000	0,7838	0,8570
d62	1,0000	0,9999	0,6680	1,0000	0,6759	1,0000	0,6528	0,9524
d63	1,0000	0,9999	0,5480	1,0000	0,6755	1,0000	0,5586	0,9211
d64	1,0000	0,9999	0,7371	1,0000	0,9997	1,0000	0,6401	0,8370
d65	1,0000	0,9999	0,5144	1,0000	0,7217	1,0000	0,5788	0,8461
d66	1,0000	0,9999	0,5144	1,0000	0,6175	1,0000	0,5822	0,8000
d67	1,0000	0,9999	0,5469	1,0000	0,6517	1,0000	0,5902	0,8201
d68	1,0000	0,9999	0,5144	1,0000	0,6210	1,0000	0,5586	0,8532
d69	1,0000	0,9999	0,5376	1,0000	0,6400	1,0000	0,7575	0,8570
d70	1,0000	0,9999	0,5144	1,0000	0,6892	1,0000	0,5586	0,9180
d71	1,0000	0,9999	0,7358	1,0000	0,6538	1,0000	0,7201	0,7925
d72	1,0000	0,9999	0,5508	1,0000	0,6264	1,0000	0,5850	0,8293
d73	1,0000	0,9999	0,8500	1,0000	0,6660	1,0000	0,9995	0,9154
d74	1,0000	0,9999	0,5907	1,0000	0,9997	1,0000	0,9995	0,8221
d75	1,0000	0,9999	0,5144	1,0000	0,6193	1,0000	0,7211	0,8570
d76	1,0000	0,9999	0,5970	1,0000	0,9997	1,0000	0,9995	0,7981
d77	1,0000	0,9999	0,5220	1,0000	0,7537	1,0000	0,9995	0,9145
d78	1,0000	0,9999	0,9995	1,0000	0,8786	1,0000	0,5586	0,8570
d79	1,0000	0,9999	0,9890	1,0000	0,7885	1,0000	0,6691	0,8310
d80	1,0000	0,9999	0,5144	1,0000	0,6711	1,0000	0,5586	0,8301
d81	1,0000	0,9999	0,6612	1,0000	0,9997	1,0000	0,5788	0,8712
d82	1,0000	0,9999	0,5211	1,0000	0,7632	1,0000	0,7175	0,9997
d83	1,0000	0,9999	0,5794	1,0000	0,6452	1,0000	0,5795	0,8334
d84	1,0000	0,9999	0,6897	1,0000	0,6983	1,0000	0,6143	0,8615
d85	1,0000	0,9999	0,5144	1,0000	0,6991	1,0000	0,5826	0,8328
d86	1,0000	0,9999	0,5144	1,0000	0,6416	1,0000	0,5586	0,7575
d87	1,0000	0,9999	0,5555	1,0000	0,6280	1,0000	0,6128	0,8078
d88	1,0000	0,9999	0,5144	1,0000	0,6169	1,0000	0,8496	0,9069
d89	1,0000	0,9999	0,5144	1,0000	0,9997	1,0000	0,8174	0,8203
d90	1,0000	0,9999	0,5452	1,0000	0,9997	1,0000	0,7170	0,8466
d91	1,0000	0,9999	0,5144	1,0000	0,9997	1,0000	0,5624	0,7704
d92	1,0000	0,9999	0,5644	1,0000	0,6759	1,0000	0,5923	0,8027
d93	1,0000	0,9999	0,7495	1,0000	0,6054	1,0000	0,5586	0,8069
d94	1,0000	0,9999	0,5144	1,0000	0,6229	1,0000	0,5586	0,8570
d95	1,0000	0,9999	0,5144	1,0000	0,6231	1,0000	0,6650	0,8882
d96	1,0000	0,9999	0,6369	1,0000	0,7980	1,0000	0,6481	0,8479
d97	1,0000	0,9999	0,5791	1,0000	0,7217	1,0000	0,6252	0,8221
d98	1,0000	0,9999	0,7827	1,0000	0,6581	1,0000	0,6434	0,8830
d99	1,0000	0,9999	0,9995	1,0000	0,9997	1,0000	0,7639	0,9176
d100	1,0000	0,9999	0,5144	1,0000	0,6134	1,0000	0,6072	0,8570

Çizelge 6.11 Risk ve belirsizlik ortamında Fried-Lovell ve Muniz Modelinden Elde edilen etkinlik sonuçlarının ortalama ve standart sapması

İŞLETMELER	ORTALAMA	STANDART SAPMA
Soma	1,0000	0
Can	0,9999	0
Yatağan	0,6164	0,1370
Milas	1,0000	0
Tavşanlı	0,7710	0,1585
Ilgın	1,0000	0
Seyitömer	0,6776	0,1289
Orhaneli	0,8519	0,0592

Fried-Lovell ve Muniz Modeli ile yapılan ayrıntılı etkinlik analizi sonucunda seçilmiş kontrol edilemeyen girdilerin söz konusu işletmelerin etkinlikleri üzerinde etkili olduğu tespit edilmiştir.

Yapılan analizin I. aşaması ve III. aşamasından elde edilen sonuçlar Çizelge 6.12'de verilmiştir. İlk aşamada kontrol edilmeyen girdilerin dikkate alınmadığı standart VZA sonuçları, son aşamada ise kontrol edilmeyen girdilerin etkilerinin orijinal veriden kaldırılması ile yapılan VZA sonuçları verilmiştir. Belirlilik varsayımında olduğu gibi etkinsiz işletmelerin etkinlik değerlerinde artış gözlenmiştir.

Çizelge 6.12 Risk ve belirsizlik ortamında Fried-Lovell ve Muniz modelinin ilk ve son aşamasındaki etkinlik değerleri

İŞLETMELER	I. aşama	III. aşama
Soma	1,000	1,0000
Çan	0,778	0,9999
Yatağan	0,459	0,6164
Milas	1,000	1,0000
Tavşanlı	0,565	0,7710
Ilgın	1,000	1,0000
Seyitömer	0,498	0,6776
Orhaneli	0,523	0,8519
GENEL ORTALAMA	0,728	0,8646

Şekil 6.12'den de görülebileceği gibi Çan işletmesinin etkinlik değeri % 99,99'a yükselmiştir. Bu işletme için ilk aşamada tespit edilen etkinsizliğin büyük bir bölümünün (% 99,99-% 77,80=% 22,19) kontrol edilemeyen değişkenlerden, çok az bir bölümünün (% 100-% 99,99=% 0,01) ise teknik etkinsizlikten kaynaklandığı görülmüştür. Diğer etkinsiz işletmelerde ise belirlilik varsayımına benzer bir Şekilde artış tespit edilmiş ve etkinsizliğin hem kontrol edilemeyen girdilerden hem de teknik etkinsizlikten kaynaklandığı görülmüştür.

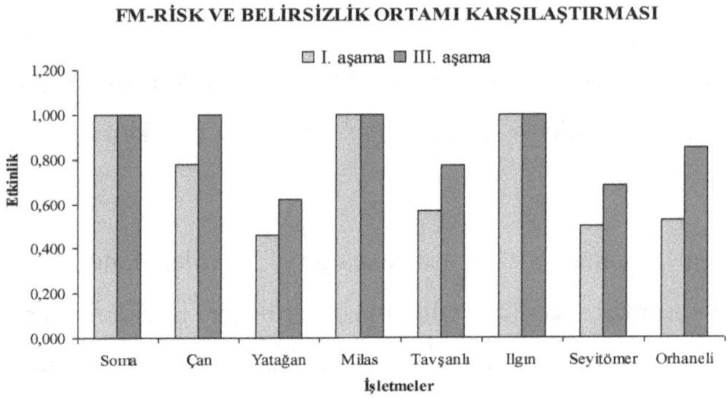

Şekil 6.12 Risk ve belirsizlik ortamında Fried-Lovell ve Muniz modelinin I. aşaması ile III. aşamasının karşılaştırması

Risk ve belirsizlik ortamında Fried-Lovell ve Muniz modelinin ilk ve son aşamalarındaki etkinliklerin karşılaştırılması sonucunda, etkinsizliklerin kaynaklarının Çizelge 6.13'teki gibi olduğu belirlenmiştir.

Etkinsizlik üzerinde kontrol edilemeyen değişkenlerin en büyük etkisi % 32,89 ile Orhaneli işletmesinde görülürken, teknik faktörlerin en büyük etkisi ise % 38,36 ile Yatağan işletmesinde görülmektedir.

Çizelge 6.13 İşletmelerin etkinsizlik kaynakları

ETKİNSİZ İŞLETMELER	Kontrol Edilemeyen Girdiler	Teknik Faktörler
Çan	22,19	0,01
Yatağan	15,74	38,36
Tavşanlı	20,60	22,90
Seyitömer	17,76	32,24
Orhaneli	32,89	14,81

6.7. Sonuçlar

Kontrol edilemeyen girdileri dikkate alarak yapılan verimlik ve etkinlik analizlerinden ulaşılan sonuçlar aşağıda verilen iki başlık altında değerlendirilmiştir.

6.7.1. Belirlilik varsayımında Banker-Morey modeli ile Fried-Lovell ve Muniz modelinin karşılaştırılması

Belirlilik varsayımında kullanılan alternatif iki modelin sonuçlarının karşılaştırılması ampirik çalışma hakkında daha doğru bilgi edinilmesi için gereklidir. Çizelge 6.14 incelendiğinde etkin ünitelerin tespit edilmesindeki hatalar veya bir modelin tercih edilmesinde etkili olan sonuçlar görülebilir.

Çizelge 6.14 Belirlilik varsayımında Banker-Morey (BM) modeli ile Fried-Lovell ve Muniz (FM) modelinin karşılaştırılması

	BM	FM
Etkin işletme sayısı	8	3
Etkin işletme yüzdesi	1,000	0,375
Standart Sapma	0	0,108
Etkinsiz işletmelerin ortalama etkinliği	0	0,772
Tüm işletmelerin ortalama etkinliği	1,000	0,857

Muniz tarafından modifiye edilen Fried ve Lovell modelinde 3 işletme etkin olarak belirlenirken Banker-Morey modelinde bu sayı 8'e ulaşmıştır. Aynı Şekilde etkin ünitelerin sayılarındaki bu farklılık dikkate alınan ünitelerin ortalama etkinliğine de yansımaktadır. Toplam set göz önüne alındığında tek aşamalı model, % 14,3'lük daha yüksek bir ortalama etkinlik sunmaktadır. Elde edilen sonuçlara göre her iki metodun göreceli etkinlik değerini ortaya koymanın anahtarı etkin üreticilerin doğru tespit edilmesi ve daha özen gösterilmesidir. Tüm işletmelerin her iki modelde elde edilen etkinlik değerleri Çizelge 6.15'te verilmekte, Şekil 6.13'te ise her bir model için elde edilen etkinlik indislerinin dağılımı kıyaslanmaktadır.

Fried-Lovell ve Muniz modelinden elde edilen sonuçlar incelenecek olursa; Banker-Morey modeli ile kıyaslandığında tüm değerlerin pozitif sonuçlar almadığı gözlenmektedir. Bu anlatılan ifade Şekil 6.14'ten de görülebileceği gibi Çan, Yatağan, Tavşanlı, Seyitömer ve Orhaneli işletmeleri için tamamen uygundur. Her iki modelde de etkin olarak belirlenen Soma, Milas ve Ilgın işletmelerinin değerlerinde hiçbir değişiklik olmamaktadır.

Çizelge 6.15 Belirlilik varsayımında Banker-Morey (BM) modeli ile Fried-Lovell ve Muniz (FM) modelinin etkinlik değerleri

İŞLETMELER	BM	FM
Soma	1,000	1,000
Çan	1,000	0,999
Yatağan	1,000	0,602
Milas	1,000	1,000
Tavşanlı	1,000	0,732
Ilgın	1,000	1,000
Seyitömer	1,000	0,679
Orhaneli	1,000	0,847
GENEL ORTALAMA	1,000	0,857

Kontrol edilebilen ve edilemeyen faktörlerin birlikte incelendiği tek aşamalı modelde, kontrol edilemeyen faktörlerin çok fazla değerlendirilmediğine dikkat çekilerek

Banker ve Morey (1986a) tarafından geliştirilen modelin özellikle etkin ünitelerin belirlenmesinde geçersiz olduğu tespit edilmiştir. Tek aşamalı model işletmelerin hepsini ya da çoğunluğunu etkin olarak belirlemektedir. mevcut çalışmada da 8 işletmeden 8'i de etkin olarak tespit edilmiştir. Fakat bu çok büyük bir sorun değildir. Asıl sorun etkin işletmelerin fazla olması değil, işletmelerin verimli çalışmalarının önemsenmeyip sadece tek aşamalı modelin performansının önemsenmesidir.

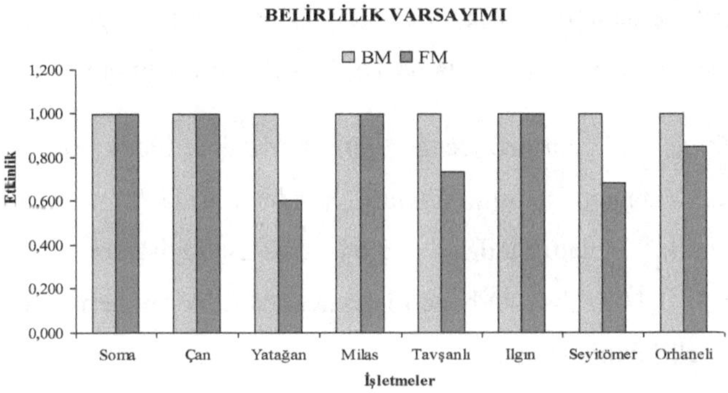

Şekil 6.13 Belirlilik varsayımında Banker-Morey (BM) Modeli ile Fried-Lovell ve Muniz (FM) Modelinin karşılaştırması

Çalışmada dikkate alınan yılın faaliyet raporlarının incelenmesi sonucunda Fried-Lovell (1996) ve Muniz (2002) modelinden elde edilen sonuçların uygun olduğuna karar verilmiştir. Ayrıca bu model işletmelerdeki etkinsizliğin teknik etkinsizlikten mi, yoksa kontrol edilemeyen faktörlerden mi, kaynaklandığı konusunda da bilgi vermektedir. Bu sebeple işletme etkinlikleri hakkında ayrıntılı bilgi edinebilmekte ve işletme yöneticileri kaynaklarını etkin kullanabilmeleri konusunda daha doğru bir

Şekilde yönlendirilebilmektedirler. Bu üstünlükleri dikkate alınarak risk ve belirsizlik ortamında yalnızca Fried-Lovell ve Muniz modeli kullanılmıştır.

6.7.2. Belirlilik varsayımı ile risk ve belirsizlik ortamında Fried-Lovell ve Muniz modelinden elde edilen sonuçların karşılaştırılması

Fried-Lovell ve Muniz modelinden belirlilik varsayımında elde edilen etkinlik değerleri ile risk ve belirsizlik ortamında elde edilen etkinlik değerlerinin ortalamaları Çizelge 6.16 ve bu değerlerin kıyaslaması Şekil 6.14'te verilmiştir.

Çizelge 6.16'dan da görülebileceği gibi kontrol edilemeyen değişkenlerdeki belirsizliklerin; Yatağan işletmesi etkinlik ortalamasında % 4,18 artışa, Tavşanlı işletmesi etkinlik ortalamasında % 9,64 artışa, Seyitömer işletmesi etkinlik ortalamasında % 0,44 azalışa, Orhaneli işletmesi etkinlik ortalamasında % 3,3 artışa, neden olduğu belirlenmiştir.

Çizelge 6.16 Belirlilik varsayımı ile risk ve belirsizlik ortamında Fried-Lovell ve Muniz (FM) modelinden elde edilen etkinlik değerleri

İŞLETMELER	FM BELİRLİLİK VARSAYIMI	FM RİSK VE BELİRSİZLİK ORTAMI	%
Soma	1,000	1,0000	0,00
Çan	0,999	0,9999	0,00
Yatağan	0,602	0,6164	4,18
Milas	1,000	1,0000	0,00
Tavşanlı	0,732	0,7710	9,64
Ilgın	1,000	1,0000	0,00
Seyitömer	0,679	0,6776	-0,44
Orhaneli	0,847	0,8519	3,30

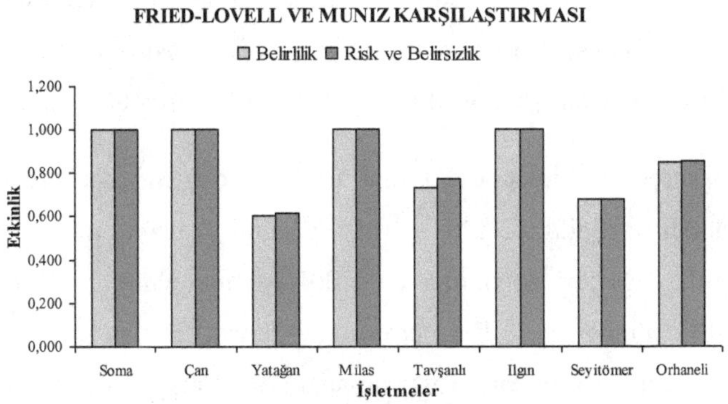

Şekil 6.14 Belirlilik varsayımı ile risk ve belirsizlik ortamında Fried-Lovell ve Muniz modelinden elde edilen etkinlik değerlerinin karşılaştırması

Risk ve belirsizlik ortamında Fried-Lovell ve Muniz modelinin III. aşama etkinlik değerlerinin % 95 güvenilirlikle hesaplanan alt ve üst sınır değerleri ile I. aşama etkinlik değerleri Çizelge 6.17'de verildiği gibidir;

Çizelge 6.17 Risk ve belirsizlik ortamında Fried-Lovell ve Muniz Modelinin I. aşama ile III. aşama etkinlik değerlerinin alt ve üst sınır değerleri

	I. Aşama	III. Aşama Alt Sınır	III. Aşama Üst Sınır
Yatağan	0,459	0,3479	0,8849
Tavşanlı	0,565	0,4603	1,0000
Seyitömer	0,498	0,4250	0,9302
Orhaneli	0,523	0,7359	0,9679

Çizelge 6.16'daki I. aşama etkinlik değerleri ile III. aşama alt sınır etkinlik değerleri karşılaştırıldığında Yatağan, Tavşanlı ve Seyitömer işletmeleri için belirsizlik söz konusu olduğu tespit edilmiştir. Başka bir ifadeyle risk ve belirsizlik ortamında dikkate alınan olasılıklı kontrol edilemeyen girdi değerleri işletme etkinliğini

arttırabileceği gibi azaltabilmektedir. Ancak Orhaneli işletmesinin etkinlik değerinde kesin bir iyileşme olduğu tespit edilmiştir. Olasılıklı kontrol edilemeyen girdi değeri ne olursa olsun işletme etkinliğinde kesin bir artış gözlenmektedir.

Ulaşılan bu sonuçlar etkinlik dağılımlarına göre çizilen risk profillerinden de incelenebilmektedir. Şekil 6.15'te görüldüğü gibi Yatağan'ın olasılıklı kontrol edilemeyen girdi değerleri açısından en riskli işletme olduğu, diğer bir ifadeyle olasılıklı kontrol edilemeyen girdi değerlerinin en fazla Yatağan'ın etkinliği üzerinde risk oluşturduğu tespit edilmiştir. Risk sırasına göre Yatağan'ı Seyitömer, Tavşanlı ve Orhaneli işletmeleri izlemektedir. Dolayısıyla olasılıklı kontrol edilemeyen girdi değerleri açısından en risksiz işletme Orhaneli işletmesidir.

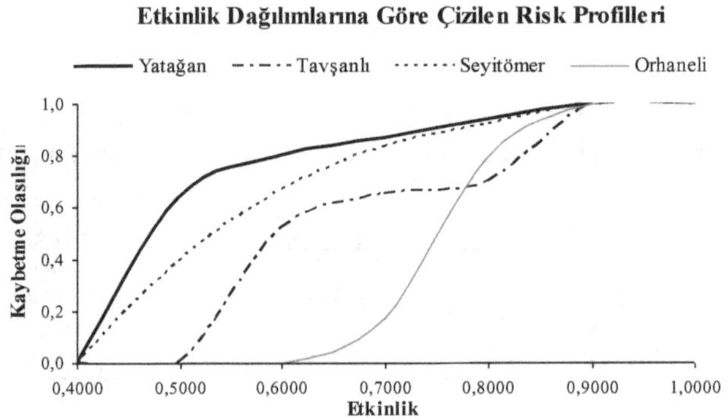

Şekil 6.15 Etkinsiz işletmelerin risk profilleri

BÖLÜM 7

GENEL SONUÇLAR VE ÖNERİLER

7.1. Sonuçlar

Dünya enerji ihtiyacının büyük bir bölümü fosil yakıtlardan karşılanmaktadır. Ülkemizde başta kömür olmak üzere diğer enerji kaynaklarına sahip olmasına rağmen tükettiği enerjinin yarısını ithalatla karşılamakta ve enerji ihtiyacı giderek artmaktadır. Ülkemizin kömür üretimi arttırılarak, enerji açığının önemli bir kısmının karşılanması, kömür kalitesinin iyileştirilmesi ve yakma sistemlerinin geliştirilmesi ile çevre kirliliği önlenebileceği gibi, dışa bağımlılıkta ortadan kalkacaktır.

Yerli kömür üretiminin artırılması için yeni rezervlerin belirlenmesinde ve yatırımların finansmanında önemli güçlükler bulunması sebebiyle, rezervlerin optimum şekilde işletilip, enerjide dışa bağımlılığımızın azaltılması ve diğer enerji kaynaklarına iyi bir seçenek oluşturulabilmesi için verimlilik artırıcı çalışmalara hız verilmesi gerekmektedir. Verimlilik artışı ya da var olan kaynakların etkin kullanımı, herhangi bir toplumun, sektörün veya işletmenin gelişebilmesinin en iyi, hatta tek yoludur.

Verimlilik artışı ya da kaynakların etkin kullanımı için önce performans ölçümlerinin yapılması gerekmektedir. Verimlilik ve etkinlik gibi ölçütleri de içerisinde bulunduran performans ölçümlerini gerçekleştirecek, standart biçime gelmiş güvenli ve geçerli ölçüm tekniklerinin bulunmayışı, birden çok ve farklı ölçeklerle ölçülmüş ya da farklı ölçü birimlerine sahip girdi-çıktıların karşılaştırılmasında kolaylıklar sağlaması, analizlerde fonksiyonel form gerektirmemesi Veri Zarflama Analizi (VZA)'nın öne çıkmasına sebep olmuştur.

İçerisinde bulunduğu koşulları homojen olarak kabul eden standart VZA, kontrolümüz dışında olan ve etkinlik skorunu etkileyen birçok faktörü dikkate almadığı için, tamamen güvenilir değildir. Yapılan hesaplamalarda kontrol edilemeyen faktörlerinde göz önünde bulundurulması gerekmektedir.

Kömür sektöründe kontrol edilemeyen faktörleri dikkate alarak ayrıntılı etkinlik değerlendirmesinin yapıldığı bu tez çalışması ilk olma özelliği taşımaktadır.

Bu çalışmada Türkiye Kömür İşletmeleri'ne (T.K.İ.) bağlı sekiz işletmenin 2006 yılına ait verileri kullanılmıştır. T.K.İ.'nin ülkenin değişik yerlerinde kömür üretimi ve pazarlamasını yapan 4 adet müessese müdürlüğü (Soma, Yatağan, Tavşanlı, Seyitömer) ve bu müesseselere bağlı olarak çalışan 4 adet işletme müdürlüğü (Çan, Milas, Ilgın, Orhaneli) bulunmaktadır. Söz konusu müdürlüklere bağlı çok sayıda işletme olmasına rağmen verilerin kolay elde edilebilmesi ve değerlendirmenin bu başlıklar üzerinden yapılabilmesi açısından karar verme birimleri bu sekiz ana başlıktan oluşturulmuştur.

Seçilen işletmelere ait iki girdi ve iki çıktı değişkeni olmak üzere beş faktör analiz edilmiştir. Kömür sektöründe alt ısıl değer, rezerv ve kükürt oranları yöneticiler tarafından müdahale edilemeyen ve elde edilen etkinlik değerleri üzerinde önemli bir etkiye sahip olan faktörler olarak belirlenmişlerdir. Her işletme yönetiminin elde ettiği doğru etkinlik değerlendirmeleri bu etkilerden karşılanmıştır.

Sekiz işletme, beş kontrol edilebilen ve iki kontrol edilemeyen faktör içeren veri kümesi ile VZA'nın yapılabilmesi için GAMS (General Algebraic Modeling System) program paketi kullanılmıştır.

Madencilik sektörü, içerisinde birçok risk ve belirsizlikleri barındıran bir sektör olması sebebiyle verimlilik ve etkinlik analizlerinin belirlilik varsayımı, risk ve belirsizlik ortamlarında yapılması düşünülmüştür. VZA ile işletmelerin mevcut rezervler dahilinde daha etkin üretim yapabilmelerine yardımcı olmak amacıyla kontrol edilemeyen faktörleri dikkate alan tek aşamalı Banker ve Morey (1986) modeli ile üç aşamalı Fried-Lovell (1996) ve Muniz (2000) modeli belirlilik varsayımında incelenmiştir. Ulaşılan sonuçlara göre Fried-Lovell ve Muniz modelinin gerçeğe uygun ve aynı zamanda ayrıntılı analiz (teknik etkinsizlik veya kontrol edilemeyen girdilerden kaynaklanan etkinsizlik ayırımı) yapmaya müsaade etmesi sebebiyle risk ve belirsizlik ortamında yalnızca bu model değerlendirilmiştir.

Banker ve Morey modeli bu konuda geliştirilen ilk model olması sebebiyle Fried-Lovell ve Muniz modeli ise daha ayrıntılı açıklama yapmayı sağlayan son yıllarda geliştirilmiş model olması sebebiyle seçilmiştir.

Belirlilik varsayımında kontrol edilemeyen parametrelerin ortalama değerleri ile etkinlik analizi yapılırken risk ve belirsizlik ortamında kontrol edilemeyen parametrelerin alt ve üst değerlerine göre alabilecekleri olasılıklı değerler Monte Carlo benzetim yöntemi ile belirlenerek analiz edilmiştir.

Belirlilik varsayımında incelenen Banker-Morey modeli sonuçları tüm işletmelerin etkin çalıştığını göstermektedir. Standart VZA'dan bulunan sonuçlarda 3 işletme etkin iken Banker-Morey modelinde 8 işletmede etkin hale gelmiştir. Kontrol edilemeyen parametrelerin dikkate alınmasıyla etkinlik değerlerinin arttığı düşünülebilir fakat bu modelin asıl amacı etkinsiz ünitelerin üretim hedefinin belirlenmesidir. Tek aşamalı modelden elde edilen sonuçlar kontrol edilemeyen parametrelerin çalışmayı kısıtladığını gösterir fakat çok aşamalı modellerdeki gibi kontrol edilemeyen girdiler vasıtasıyla yaratılan farklı koşulları dikkate alarak ünitelerin etkinlik değerlerini düzeltmeye çalışmaz.

Tek aşamalı modelin diğer bir dezavantajı işletmelerin çoğunluğunun etkin olarak belirlenmesidir. Fakat bu çok büyük bir sorun değildir. Asıl sorun etkin işletmelerin fazla olması değil, işletmelerin verimli çalışmalarının önemsenmeyip sadece tek aşamalı modelin performansının önemsenmesidir.

Belirlilik varsayımında Fried-Lovell ve Muniz modelinde tespit edilen etkinsizliğin teknik etkinsizlikten mi, yoksa kontrol edilemeyen faktörlerden mi kaynaklandığı konusunda ayrıntılı bilgi vermektedir. Modelin ilk aşamasında Çan, Yatağan, Tavşanlı, Seyitömer ve Orhaneli işletmeleri etkinsiz olarak belirlenmiştir. Üçüncü aşamada kontrol edilemeyen faktörlerin etkileri arındırıldıktan sonra yapılan analizde karşılaşılan aylak ve artık değişkenler söz konusu işletmelerdeki etkinsizliğin teknik etkinsizlikten kaynaklandığını işaret etmektedir. Buna göre Çan'daki etkinsizliğin büyük bir bölümünün kontrol edilemeyen girdilerden küçük bir bölümünün ise teknik etkinsizlikten, Yatağan, Tavşanlı, Seyitömer ve Orhaneli'ndeki etkinsizliklerin yarı yarıya kontrol edilemeyen faktörlerden ve teknik etkinsizlikten kaynaklandığı tespit edilmiştir.

Belirlilik varsayımında Fried-Lovell ve Muniz modelinde 3 işletme etkin olarak belirlenirken Banker ve Morey modelinde etkin işletme sayısı 8'dir. Etkin işletme sayısı ile doğru orantılı olarak etkinlik ortalaması Banker ve Morey modelinde % 100 iken Fried-Lovell ve Muniz modelinde % 85,7'dir. Fried-Lovell ve Muniz modelinde kontrol edilemeyen girdilerin oluşturduğu farklı koşullar dikkate alınarak ünitelerin etkinlik değerleri düzeltilmeye çalışıldığı için etkinlik ortalaması daha düşük bulunmuştur. Banker ve Morey modelinde ise böyle bir değerlendirme mümkün değildir.

Banker ve Morey (1986a) tarafından geliştirilen modelden elde edilen sonuçların özellikle etkin ünitelerin belirlenmesinde Fried-Lovell ve Muniz tarafından elde edilenlerden daha geçersiz olduğu tespit edilmiştir. Tek aşamalı modelde tam etkin olan işletmeler kontrol edilebilen ve edilemeyen faktörlerin birlikte incelenmesi ve kontrol edilemeyen faktörlerin çok fazla dikkate alınamamasından kaynaklanmaktadır.

Ayrıntılı değerlendirmeye müsaade etmesi sebebiyle Fried-Lovell ve Muniz modeli risk ve belirsizlik ortamında incelenen tek model olmuştur. Tüm rassal örneklemelere göre belirlenen yeni etkinlik değerleri belirlilik varsayımında olduğu gibi Çan işletmesinin etkinliğinin (% 99,9) kontrol edilemeyen girdilerden ve çok az da olsa teknik etkinsizlikten etkilendiğinin göstermektedir. Yatağan, Tavşanlı, Seyitömer ve Orhaneli işletmelerindeki etkinsizliğin ise hem kontrol edilemeyen girdilerden hem de teknik etkinsizlikten kaynaklandığı belirlenmektedir.

Fried-Lovell ve Muniz Algoritması ile risk ve belirsizlik ortamında elde edilen etkinlik analizi sonuçlarında Soma, Milas, Ilgın işletmelerinin teknik etkin, sıfır standart sapma ile Çan (% 99,9); 0,1370 standart sapma ile Yatağan (% 61,64); 0,1585 standart sapma ile Tavşanlı (% 77,10); 0,1289 standart sapma ile Seyitömer (% 67,76)ve 0,0592 standart sapma ile Orhaneli (% 85,19) teknik etkinsiz olarak tespit edilmiştir.

Belirlilik varsayımı ile risk ve belirsizlik ortamında yapılan analizlerden ulaşılan sonuçların büyük farklılıklar içermediği gözlenmiştir. Risk ve belirsizlik ortamında olasılıklı kontrol edilemeyen girdi değerlerinin hassas incelenmesi sonucunda elde edilen muhtemel değerler sebebiyle etkinlik değerlerinin genel olarak biraz daha yüksek olduğu tespit edilmiştir.

Hem belirlilik varsayımında hem de risk ve belirsizlik ortamında Fried-Lovell ve Muniz algoritmasının ilk aşaması ile son aşamasının değerlendirilmesi sonucunda kontrol edilemeyen girdilerin işletme etkinliği üzerindeki olumsuz etkilerini düzeltmeye çalıştığı gözlenebilmiştir. Fried ve Lovell (1996) tarafından geliştirilen ve Muniz (2002) tarafından modifiye edilen modelin gerçekle uyumlu olması sebebiyle daha doğru olduğuna karar verilmiştir. Bu model işletme etkinliliklerini daha detaylı incelemeye müsaade ettiği için etkinsiz işletme yöneticilerini kaynaklarını etkin kullanabilmeleri konusunda daha doğru yönlendirilebilmektedir.

Genel olarak değerlendirildiğinde etkin işletmelerin iki modelde gösterdiği farklılıklar her iki modelin doğru değerlendirilebilmesi için işletme etkinliklerinin doğru tespit edilmesi gerektiği sonucunu vermektedir.

Analiz sonuçlarından da görülebildiği gibi Çan işletmesindeki etkinsizliğin birkaç sebebi vardır. Birincisi; kömürlerinin kükürt değerinin yüksekliği nedeniyle büyük yerleşim alanlarında yakılmalarına sınırlama getirilmesidir. Bu sorunun çözülebilmesi için termik santral kurulması gündeme gelmiş ve 18 Mart Termik Santrali 2006 yılının Ağustos ayında açılmıştır. İkincisi; Çan İşletmesinin saha formasyonlarının özelliği, su problemi ve satıştaki beklenen gelişmenin sağlanamamasından dolayı hızlı bir üretimin yapılamaması gibi nedenlerle sürekli heyelanlar olmasıdır. Heyelanların yoğun şekilde olduğu bir işletmenin dekapaj ve üretim faaliyetlerinin sistemli ve hızlı bir şekilde yapılabilmesi için eksik olan makine parkının güçlendirilmesi, sınırlı olan toprak döküm alanlarının genişletilmesi, işletmeyi sınırlayan derelerin ıslah edilmesi ve eksik iş gücünün temin edilmesi, etkinliğin arttırılmasında önemli rol oynayacaktır. Bu işletmede, heyelandan dolayı yatırım yapmadan yalnız dekapaj ihaleleri ile işlerde sürekliliğin sağlanması mümkün görülmemektedir.

Garp Linyitleri İşletmesi Bölge açık işletmelerinde mevcut makina parkı itibariyle, taşıma kapasitesindeki eksikliklerin ve yenilemelerin yapılmasına yönelik çalışmalara hız verilmesi gerekmektedir. Kazı kapasitesi ile taşıma kapasitesinin uyumlu çalıştırılmasının temini, verimliliğin artırılarak dekapaj ve kömür üretim maliyetlerinin düşürülebilmesi için ekonomik ömrünü doldurmuş olan kamyonların yenilenmemesi sebebiyle mevcut kazı kapasitesi atıl kalmakta, her yıl ihale kapsamında yaptırılan dekapaj miktarları artarak işletmeye ek mali yükler getirmektedir.

Tavşanlı işletmesinde 2005 yılı itibariyle yeraltı üretim sistemleri, üretim maliyetlerinin düşürülmesi, randımanların artırılması, çalışma ortamlarının daha güvenli hale getirilmesi, kömür kalitesinin artırılması amacıyla tam mekanize hale getirilme çalışmalarına hız verilerek öncelikle ayak-pano teçhizatı temin edilmiştir. Mekanize üretim sistemleri ile klasik üretim sistemine göre beklenilen üretim maliyetlerindeki düşüş ve öngörülen verimlilik artışı sağlanamamıştır. Teknoloji, insan gücü ve mali kaynak yönünden tüm imkânlar oluşmasına karşın beklenilen sonuçların elde edilememesindeki temel problem, idari ve teknik yönden uygun yapılanmanın olmayışıdır.

Orhaneli Termik Santralı Baca Gazı Arıtma Tesisi yapımından dolayı, uzunca bir süre maden işletmesinin üretimi düşmüştür. Bunun sonucunda maden işletmesi zararına çalıştırılmış ve kendi ikame (yenileme) yatırımlarını da ikmal edebilecek durumdan yoksun kalmıştır. Ayrıca, 1999 yılı sonundan itibaren Yap-İşlet-Devret Yasası ile maden ve santralın işletme hakkının devrinin gündeme gelmesi süresinin uzaması ile madenin geçmişten gelen dekapaj, üretim, istihdam ve planlama eksiklikleri yeni belirsizliklere neden olmuştur. Kömür üretiminin projede öngörülen değerde yapılamaması da dragline'ın çalışmasını engellemiş ve dragline tarafından hazırlanması gereken üretim panoları oluşturulamamıştır. Tüm bu olumsuz etkilerde işletme etkinliğine yansımıştır.

Son yıllarda piyasaya verilen kömür miktarında düşüşler olmaktadır. Üretilen kömürler, yıkama tesislerinde inorganik maddelerden arındırılıp satışa sunulmasına karşın beklenilen satış sonuçları elde edilememiş ve stok değerlerinde artışa neden olmuştur. Yıkanmış kömürün bile satılamamasının nedenlerinin başında; ithal kömürün tercih edilmesi, kömür ithalatı, kömür standartları ve kömürün yakılması ile ilgili denetlemelerin tam anlamıyla yapılamaması gelmektedir. Düşük gümrükle giren ithal kömürle rekabet edemediği için ülke kömür madenciliği yavaş yavaş gerilemiştir. Ayrıca, çevreci baskılar da yerli kömür madenciliğimizi olumsuz yönde etkilemektedir

Isınma ve sanayideki talep düşüklüğünün devam edeceği beklenmekte olup önümüzdeki dönemde üretimin termik santrallerde değerlendirilmesi beklenmektedir. Ancak, termik santrallerde kömürün ısı değerinin düşüklüğünden kaynaklanan sorunlar nedeniyle, santrale verilen kömürlerin iyileştirilmesi ve yeni kurulacak santrallerde de bu problemlerin olabileceği dikkate alındığında TEAŞ tarafınca da yıkama tesislerinin kurulması veya bu yönde bir hizmet alınması beklenmektedir. Son on yıldır linyit sektöründe yeni bir üretim projesi işletmeye alınamamıştır. Elektrik enerjisi arz problemi yaşandığı günümüzde, Enerji ve Tabii Kaynaklar Bakanlığı problemin çözümüne yönelik genelde öz kaynaklarımızın daha etkin kullanımını amaçlayan projeler yerine kısa vadeli çözümlere gitmekte ve enerji güvenliğimizi de menfi yönden etkileyebilecek olan doğal gaz santrallerinin yapımına hız verilmektedir. Gecikmiş olan linyite dayalı termik santral ve maden projelerinin başlatılıp, bitirilmesi enerji güvenliğimiz yönünden önem taşımaktadır.

7.2. Öneriler

Tek aşamalı modele oranla üstün yönleri bulunan Fried-Lovell ve Muniz modelinden elde edilen sonuçlara göre etkinlik analizlerinde kontrol edilemeyen faktörler mutlaka dikkate alınmalıdır. Aksi takdirde yanlış etkinlik değerlendirmesi ile işletme yöneticileri yanlış yönlendirilebilirler (tıpkı Çan, Yatağan, Tavşanlı, Seyitömer ve Orhaneli işletmelerinde olduğu gibi).

Belirlilik varsayımı ile risk ve belirsizlik ortamında Fried-Lovell ve Muniz modelinden elde edilen sonuçların çok büyük farklılıklar içermemesi sebebiyle belirlilik varsayımında referans kümeleri incelenerek işletmelerin teknik etkinsizliklerini ortadan kaldırabilecek yeni girdi değerleri şöyle tespit edilmiştir;

Çizelgede verilen yeni girdi değerlerinin kullanılması ile işletmeler etkin hale gelebileceklerdir.

Çizelge 7.1 Teknik etkinsizlikleri kaldırabilecek yeni girdi değerleri

		Yatırım (YTL)	Personel (adet)
ÇAN	Eski	4153106	532
	Yeni	700017	413
YATAĞAN	Eski	3221213	1089
	Yeni	628999	499
TAVŞANLI	Eski	7759758	2933
	Yeni	4383112	1613
SEYİTÖMER	Eski	4660206	1086
	Yeni	595045	540
ORHANELİ	Eski	1425464	687
	Yeni	672838	445

Bundan sonraki çalışmalarda çözülen modeller farklı yıllar için hazırlanıp dinamik bir yapıda sonuçların değişimi incelenebilir. Kullanılan girdi / çıktı kümlerinden bazıları kategorik değişken olarak tanımlanabilir.

Gittikçe azalan kömür talebinin artırılarak, kömür üretim hedeflerine ulaşılması, ithal kaynaklara bağımlılığın azaltılması ve kömürün rekabet gücünün geliştirilebilmesi amacıyla girdilerin etkin bir şekilde kullanılması ve dolayısıyla verimliliğin artırılması gerekmektedir. Verimlilik artışı da idari (kalifiye eleman) ve teknik (ileri teknolojiye sahip yüksek kapasiteli modern iş makinaları ve yakma sistemleri) yönden uygun yapılanma ile sağlanabilecektir.

Üretilen ısı değeri düşük, kül, nem ve kükürt değerleri yüksek olan kömürlerimizin iyileştirilerek hem çevreye hem de kontrol edilemeyen girdi olarak etkinliğe dolayısıyla verimliliğe daha az zarar vermesi sağlanmalıdır.

KAYNAKLAR DİZİNİ

Al-Shammari, M., 1999, Optimization Modelling for Estimating and Enchancing Relative Efficiency with Application to Industrial Companies, European Journal of Operational Research, 115:488-496.

Anderson, T., 1998, A Data Envelopment Analysis, DEA Home Page, (http://www.emp.pdx.edu/dea/homedea.html).

Arslan, A., 2002, Kamu Harcamalarında Verimlilik, Etkinlik ve Denetim, Maliye Dergisi, , No.140, Mayıs-Ağustos, ss.76-89

Atan, M., 2005, Üretim ve Verimlilik Artırma Teknikleri, Eğitim Notları, Gazi Üniversitesi, Ekonometri Bölümü.

Aydagün, A., 2003, Veri Zarflama Analizi, T.C. Hava Harp Okulu Havacılık ve Uzay Teknolojileri Enstitüsü Yıl Sonu Semineri.

Aydemir Z. C., 2002, Bölgesel Rekabet Edilebilirlik Kapsamında İllerin Kaynak Kullanım Verimlilikleri: VZA Uygulaması, Aralık.

Banker, R. D., 1984, Estimating Most Productive Scale Size Using Data Envelopment Analysis, European Journal of Operations Research 17, 35–44.

Banker, R. D., Charnes, A. and Cooper, W. W., 1984, Some Models for Estimating Technical and Scale Inefficiencies in Data Envelopment Analysis, Management Science 30(9), 1078–1092.

Banker, R.D., 1992, Estimation of Returns to Scale Using Data Envolopment Analysis, European Journal of Operational Research, Vol. 62, 74-84.

Banker, R.D., Morey, R.C., 1986a, Effiency Analysis For Exogenously Fixed Inputs and Outputs, Operations Res., Vol. 34 (4), 513-521.

Banker, R.D., Morey, R.C., 1986b, The Use of Categorical Variables in Data Envelopment Analysis, Management Science, Vol. 32 (12), 1613-1627.

Baş, İ. M., Artar, A., 1991, İşletmelerde Verimlilik Denetimi, Ankara.

Başkan, A., 1971, Verimlilik Dergisi, MPM Yayınları, Yeni Çağ Basım, Ankara.

Berger, A. and Humprey, D., 1997, "Efficiency of Financial Institutions: International Survey and Directions for Future Research", Wharton School, Financial Institutions Center, Working Paper No:97-05.

Bernardo, J.J. and Gillenwater, E., 1991, Sequencing Rules for Productivity Improvements in Underground Coal Mining, Decision Sciences Vol.22 p/620-634

Blumenberg, S., 2004(a), Bencmarking Financial Processes with Data Envelopment Analysis, 186.

Blumenberg, S., 2004(b), Bencmarking Financial Chain Efficiency-the Role of Economics of Scale for Financial Processes, Proceedings of the Eighth Pacific-Asia Conference on Information System, Shanghai.

Boal, W.M., 1990, Unionism and Productivity in West Virginia Coal Mining, Industrial and Labor Relations Review, vol.43, p/390-405

Bosch, N., Pedraja F., Pandiello, S.J., 2001, The Efficiency of Refuse Collection Services in Spanish Municipalities: Do Non-Controllable Variables Matter?, Institut D'Economia de Barcelona.

Boussofiane, A., R. Dyson, E. Rhodes, 1991, Applied Data Envolopment Analysis European Journal of Operational Research, Vol. 52, No. 6, 1-15.

Bowlin, W. F., 1998, Measuring Performance:An Introduction to Data Envelopment Analysis (DEA), Journal of Cost Analysis, Fall 1998, pp. 3-27

BP, 2007; BP Statistical Review of World Energy.

Byrnes, P., and Rolf Fare. 1987. Surface Mining of Coal: Efficiency of US Interior Mines. Applied Economics 19, 1665-1673.

Byrnes, P., Rolf Fare, Shawna Grosskopf, and C. A. Knox Lovell. 1988. The Effect of Unions on Productivity: U.S. Surface Mining of Coal. Management Science 34, (9): 1037-1053.

Byrnes, P.; Fare, R.; Grosskopf, S., 1984, Measuring Productive Efficiency: An Application to Illinois Strip Mines, Management Science, Cilt: 30, No: 6, 671-681.

Charnes, A., Cooper, W., Lewin, A.Y., Seiford, L.M., 1994, Data Envelopment Analysis, Kluwer Academic Publihers, USA.

Charnes, A., Cooper, W., Rhodes, E., 1978, Measuring the Efficiency of Decision Making Units European Journal of Operational Research, Vol 2, Issue 6, 429 – 444.

Coelli, T.J., Rao, D.S.P. and G.E., Battese, 1998, An Introduction to Efficiency and Productivity Analysis, Kluwer, Boston, http://books.google.com.

Cooper, W., Seiford, L., Tone, K., 2000, Data Envelopment Analysis: A Comprehensive Text with Models, Applications, References and DEA-Solver Software, Kluwer Academic Publishers, ss.1-15.

Cooper, W., Seiford, L., Zhu, J., 2004, Handbook on Data Envelopment Analysis, Kluwer Academic Publishers, Boston.

Dinç, M. and Haynes, K.E., 1999,. Sources of Regional Inefficiency: An Integrated Shift-Share, Data Envelopment Analysis and Input-Output Approach, The Annals of Regional Science, Vol: 33, 469-489.

Dogan A. ve Aydın A., 1991, İmalatçı Kamu Kuruluşlarında Maliyet ve Verimlilik

DPT, 2006, Enerji Hammaddeleri Alt Komisyonu Linyit Ve Taşkömürü Çalışma Grubu Raporları, Madencilik Özel İhtisas Komisyonu, Dokuzuncu Kalkınma Planı (2207-2013), Ankara.

DPT, 2001, Madencilik Özel İhtisas Komisyonu Raporu Enerji Hammaddeler Alt Komisyonu Kömür Çalışma Grubu, Ankara, DPT: 2605 – ÖİK: 616.

DPT, 2000, Kamu Yönetiminin İyileştirilmesi ve Yeniden Yapılandırılması Özel İhtisas Komisyonu Raporu, Ankara, DPT: 2507 – ÖİK: 527, (http://ekutup.dpt.gov.tr/kamuyone/oik527.pdf)

DPT, 1996, Yedinci Beş Yıllık Kalkınma Planı, Kömür, Ankara

Erkut, H., Polat, S., 1993, Türk Sanayinde Verimlilik Analizi İçin Simulasyon Modeli, Yayınlanmamış Araştırma Projesi Raporu, İ.T.Ü., İstanbul.

Eroğlu, E. ve Atasoy, M.C., 2006, Veri Zarflama Analizi ile Etkinlik Ölçümü ve Etkin Olan Karar Birimlerinin Duyarlılık Analizi, İÜ İşletme Fakültesi Dergisi, Cilt:35 Sayı:2 s.91-106.

Farrel, M. J., 1957, The Measurement of Productivity Efficiency, Journal of The Royal Statistical Society, 120:253-290.

Ferrera, J. M. C., Chaparro, F. P. Jimenez, J. S., 2005, Efficiencia en Educacion Secundaria e İnputs No Controalables: Sensibilidad de los Resultados Ante Modelos Alternativos, Haciende Publica Espanola / Revista de Economia Publica, 173- (2/2005): 61-83

Flynn, E.J., 2000 Impact of Technolojical Change and Poductivity on the Coal Market, Energy Information Administration/ Issues in Midterm Analysis and Forecasting, p/1-9 (makaleden)

Ganley, J.A., Cubbin, J.S., 1992, Public sector efficiency measurement : applications of data envelopment analysis, Elsevier Science Publishers, p. 161-180, Amsterdam.

Golany, B., Roll, Y., 1993, Some Extension of Techniques to Handle Non-discretionary Factors in Data Envelement Analysis. The Journal of Productivity Analysis 4, 419-432.

Gürsoy, B. 1985 Verimlilik Üzerine Düşünceler, MPM Yayınları No: 324, Ankara

Hammond, C.J., 2000, Efficiency in the Provision of Public Services: A Data Envelopment Analysis of UK Public Library Systems, School of Economic Studies, University of Hull, United Kingdom.

Henderson B. and Kingwell R., 2005, Rainfall And Farm Efficiency Measurement For Broadacre Agriculture In South-Western Australia, Australasian Agribusiness Review - Vol. 13, Paper 14, ISSN 1442-6951

http://enm.blogcu.com/4535895/

http://planetmath.org/encyclopedia/MonteCarloSimulation.html

İnan E. A., 2000, Banka Etkinliğinin Ölçülmesi ve Düşük Enflasyon Sürecinde Bankacılıkta Etkinlik, Bankacılık Dergisi, Sayı:34.

Kalirajan, K.P. ve Shand, R.T. (1999), "Frontier Production Functions and Technical Efficiency Measures", Journal of Economic Surveys, 13(2), 149-72.

Kaya, Y.T., Doğan, E., 2005, Dezenflasyon Sürecinde Türk Bankacılık Sektöründe Etkinliğin Gelişimi, Bankacılık Düzenleme ve Denetleme Kurumu, ARD Çalışma Raporları 2005/10.

Kaynar, O., Zontul, M., Bircan, H., 2005, Veri Zarflama Analizi ile OECD Ülkelerinin Telekomünikasyon Sektörlerinin Etkinliğinin Ölçülmesi, C.Ü. İktisadi ve İdari Bilimler Dergisi, Cilt 6, Sayı 1.

Konuk, A., 1988, Madencilik Yatırım Kararlarında Risk Analizi ve Sınır Tenör Uygulaması, Doktora Tezi, Anadolu Üniversitesi, Fen Bilimleri Enstitüsü.

Konuk, A., 1991, Madencilikte Verimlilik Analizleri Ders Notları

Konuk, A., Ankara, H., 1990, Türkiye Kömür Madenciliğinde Ekonometrik Verimlilik, Türkiye 7. Kömür Kongresi Bildiriler Kitabı Zonguldak, s/161-176

Kulshrestha, M., Parikh, J.K., 2001, A Study of Productivity in the Indian Coal Sector, Energy Policy 29 p/701-713.

Kulshrestha, M., Parikh, J.K., 2002, Study of Efficiency and Productivity Growth in Opencast and Underground Coal Mining in India: a DEA Analysis, Energy Economics 24 p/439-453

Kutlar, A. ve Kartal, M., 2004, Cumhuriyet Üniversitesi Verimlilik Analizi: Fakülteler Düzeyinde Veri Zarflama Yöntemiyle Bir Uygulama, Kocaeli Üniversitesi Sosyal Bilimler Enstitüsü Dergisi (8), 2004, 2:49-79.

Maital, S. ve Vaninsky, A., 2001, Data Envelopment Analaysis with Resource Constraints: An Alternative Model with Non-Discretionary Factors, European Journal of Operationl Research 128, 206-212.

MERN, 2005, Ministry of Energy and Natural Resources. Energy Report of Turkey, Ankara (www.enerji.gov.tr).

Merrel, D. R., Heinz, H. John, 1999, Productivity and Acquisitions in U.S. Coal Mining, Center for Economic Studies, CES 99-17 USA, (www.ces.census.gov).

Muniz, M.A., 2002, Separating Managerial Inefficiency and External Conditions in Data Envelopment Analysis, European Journal of Operational Research, 143, 625-643.

Muniz, M.A., Paradi, J., Ruggiero, J., Yang, Z., 2006, Evaluating Alternative DEA Models Used to Control for Non-Discretionary Inputs, Computers & Operations Research, Volume 33, Issue 5, Pages 1173-1183

Nasuf, E. ve Orun, S. E., 1990, Madencilik Projelerinde Mikro-Bilgisayar Destekli Risk Analizi, Madencilik Dergisi, cilt: XXX ve sayı: 3.

O'hara, A., T., 1985, Maden Yatırımlarının Değerlendirilmesinde Pratik Yaklaşımlar, Madencilik, Cilt XXIV, Sayı 1, Mart.

Öztürk, A., 2002, Yöneylem Araştırması, Ekin Kitapevi Yayınları, Bursa, 554 s.

Prokopenko, J., 1992, Verimlilik Yönetimi, Milli Prodüktivite Merkezi Yayınları:476, Ankara

Ray, S.C., 1988, Data Envelopment Analysis, Nondiscretionary Inputs and Efficiency: an Alternative Interpretation, Socio-Economic Planning Sciences 22(4):167-76

Ray, S.C., 1991, Resource-Use Efficiency in Public Schools: A Study of Connecticut Data, Management Science, 37, 1620-1628.

Rosenthal R. E., 2006, GAMS — A User's Guide, GAMS Development Corporation, Washington, DC, USA

Ruggiero, J., 1996, On the Measurement of Technical Efficiency in the Public Sector, European Journal of Operational Reserch 90, 553-565.

Ruggiero, J., 1998, Non-Discretionary Inputs in Data Envelopment Analysis, European Journal of Operational Research, 111, 461-469.

Ruggiero, J., 2004, Performance Evaluation When Non-Discretionary Factors Correlate with Technical Efficiency, European Journal of Operational Research, 159, 250-257.

Sezen, B., 2004, Veri Zarflama Analizi ile Tedarik Zinciri Ortaklarının Performans Değerlendirmesi, YA/EM'2004 - Yöneylem Araştırması/Endüstri Mühendisliği - XXIV Ulusal Kongresi, 15-18 Haziran 2004, Gaziantep – Adana.

Syrjanen, M. K., 2004, Non-Discretionary and Discretionary Factors and Scale in Data Envelopment Analysis, European Journal of Operational Reserch 158 (2004) 20-33.

Taha, H. A., 2000, Operations Reserch an Introduction

Tarım, Armağan, 2001, Veri Zarflama Analizi: Matematiksel Programlama Tabanlı Göreli Etkinlik Ölçüm Yaklaşımı, Sayıştay Yayın İşleri Müdürlüğü, Araştırma / İnceleme / Çeviri Dizisi : 15, Ankara, Şubat.

Thompson R.G., P. S. Dharmapala and Robert M. Thrall., 1995, Linked-Cone DEA Profit Ratios and Technical Efficiency with Application to Illinois Coal Mines, International Journal of Production Economics, Cilt: 39, No:1-2, Sf: 99-115.

TKİ, 2004, Faaliyet Raporu.

TKİ, 2006, Faaliyet Raporu.

Torrubia, M. J. M., Perez, M. A. M., 2004, Institues of Secondary Education Versus Arranged School: An Analysis of Productive Efficiency, San Sebastian.

TÜBİTAK, 2003, Enerji ve Doğal Kaynaklar Paneli Raporu, Vizyon 2023 Teknoloji Öngörü Projesi, Ankara

Ulucan, A., 2002, İSO500 Şirketlerinin Etkinliklerinin Ölçülmesinde Veri Zarflama Analizi Yaklaşımı: Farklı Girdi Çıktı Bileşenleri ve Ölçeğe Göre Getiri Yaklaşımları ile Değerlendirmeler, Ankara Üniversitesi, Siyasal Bilgiler Fakültesi Dergisi, Cilt 57-2, 185-202.

Uygun, M., Kasap, Y. ve Konuk, A., 2007, Tunçbilek Bölgesi Kömür Madenciliğinde Uygulanan İşletme Yöntemlerinin Verimlilik Analizi, Madencilik Dergisi, Cilt 46, sayı 1, sayfa 25-32.

Worthington, A. and Dollery, B., 1999, Allowing For Nondiscretionary Factors in Data Envelopment Analysis: A Comparative Study of NSW Local Government, Universty of New England School of Economic Studies, No:99-12.

www.deu.edu.tr

www.ekicikul.com/tr/default.asp?id=188

www.gemad.org.tr/makale.php?id=84

www.maden.org.tr

www.mmoistanbul.org

www.mta.gov.tr/mta/enerji/coal/coal.htm

www.taskomuru.gov.tr/index.php

www.tki.gov.tr

www.ytukvk.org.tr/arsiv/makaletop.php?makale=isletmelerdeformans

Yang, Z. and Paradi, J.C., 2003, Benchmarking Competitive Banking Units Using Handicapped DEA, submitted to Omega.

Yolalan, R., 1993, İşletmeler Arası Göreli Etkinlik Ölçümü, Milli Prodüktivite Yayınları, 483, Ankara.

Yolalan, R., 2001, "Bankacılıkta Verimlilik" Konferansı Açılış Konuşması, www.tbb.org.tr/turkce/seminer/Reha%20Yolalan%20acilis.doc.

Yu, C., 1998, The Effects of Exogenous Variable in Efficiency Measurement-A Monte Carlo Study, European Journal of Operational Reserch 105, 569-580.

Türkiye Kömür Madenciliğinde Etkinlik ve Verimlilik Gelişimi:
Veri Zarflama Analizi

Yaşar Kasap

EKLER

Ek 1 Belirlilik Varsayımında GAMS Programı ile Yazılmış Banker-Morey Modeli

```
$ontext
Veri Zarflama Analizi (VZA)
Yaşar KASAP, 2007
Doktora Çalışması
Belirlilik Varsayımında Banker ve Morey Modeli
$offtext

*=========================================================================
*=== Girdiler, Çıktılar ve Karar Birimlerini Tanımlama
*=========================================================================
sets
j "KVB's" /Soma,Can,Yatagan,Milas,Tavsanli,Ilgin,Seyitomer,Orhaneli/
lir 'kontrol edilemeyen girdiler, girdiler ve ciktilar' / Rezerv, AID, Kukurt, Yatirim, Personel, Uretim, Gelir/
l(lir)'kontrol edilemeyen girdiler'/ Rezerv,AID, Kukurt/
i(lir)'girdiler'/ Yatirim, Personel /
r(lir)'çıktılar' / Uretim, Gelir/
m(j) 'döngüyü saglayan eleman (incelenen KVB)'
;
alias(j,k);

*=========================================================================
*=== Veriler
*=========================================================================
Table data(j,lir) KVB'lerinin girdi ve çıktı verileri
           Rezerv   AID    Kukurt  Yatirim    Personel  Uretim    Gelir
Soma       316550   2705   0.61    10457643   3158      7788116   495200000
Can         43179   4500   3.81     4153106    532      1340701    83400000
Yatagan     72572   2230   1.41     3221213   1089      4005317   110800000
Milas      150478   1955   3.93      520140    631      6718621   152800000
Tavsanli   147413   2330   2.17     7759758   2933      3414978   285900000
Ilgin       51307   2776   1.73      892076    182       211566     9300000
Seyitome    79020   1840   1.03     4660206   1086      4602873   123900000
Orhaneli    51885   2200   2.07     1425464    687      1218771    51400000
;
display data;

*=========================================================================
*===Parametreler
*=========================================================================
parameter x(i,j); x(i,j)=data(j,i);
parameter y(r,j); y(r,j)=data(j,r);
parameter z(l,j); z(l,j)=data(j,l);
```

Ek 1 Devam ediyor

```
*=============================================================================
*===Değişkenler
*=============================================================================
positive variables
u(k,j)'dual ağırlık'
slaki (i,j)
slakr (r,j)
slakl(l,j)
;
variables
eff 'k. KVB nin etkinliği'
theta     'etkinlik toplamı'
;
*=============================================================================
*===Eşitlikler
*=============================================================================
equations
amac
cikti(k,r) 'dual çıktı'
girdi(k,i) 'dual girdi'
kontrol_edilemeyen_girdi(k,l) 'dual girdi'
konveks(k) 'konvekslik'
;
amac.. theta=e=sum(k,eff(k));
cikti (k,r).. sum(j,u(k,j)*y(r,j))-slakr(r,k)=e=y(r,k);
girdi (k,i)..sum (j, u(k,j)*x(i,j))+slaki(i,k)=e=eff(k)*x(i,k);
kontrol_edilemeyen_girdi (k,l)..sum (j, u(k,j)*z(l,j))+slakl(l,k)=e=z(l,k);
konveks(k) ..sum (j,u(k,j))=e=1;

model vza /amac, cikti, girdi, kontrol_edilemeyen_girdi, konveks/;
*=============================================================================
*===Çözüm
*=============================================================================
alias(j,iter);
parameter etkinlik(j);
loop(iter,
m(j)=no;
m(iter)=yes;
solve vza using lp minimizing theta;
abort$(vza.modelstat<>1)"LP was not optimal";
etkinlik(iter)=theta.l;
);
display etkinlik;
```

Ek 1 Devam ediyor

```
*=============================================================================
* Çıktıların Sıralanması
*=============================================================================
set rnk /rnk1*rnk1000/;
parameter rank(j);
alias (j,jj);
rank(j)=sum(jj$(etkinlik(jj)>=etkinlik(j)),1);
parameter etkinlik2(rnk,j);
etkinlik2(rnk,j)=etkinlik(j)$(rank(j)=ord(rnk));
option etkinlik2:4:0:1;
display etkinlik2;
*=============================================================================
*===Sonuç Dosyaları
*=============================================================================
execute_unload "BM_Belirlilik_sonuc1.gdx" u.L slaki.L slakr.L eff;
execute 'gdxxrw.exe BM_Belirlilik_sonuc1.gdx var=u.L rng=A1';
execute 'gdxxrw.exe BM_Belirlilik_sonuc1.gdx var=slaki.L rng=Newsheet!A1';
execute 'gdxxrw.exe BM_Belirlilik_sonuc1.gdx var=slaki.L rng=Newsheet!A1';
```

Ek 2 Belirlilik Varsayımında GAMS Programı ile Yazılmış Fried-Lovell ve Muniz Modelinin I. Aşaması

```
$ontext
Veri Zarflama Analizi (VZA)
Yaşar KASAP, 2007
Doktora Çalışması
Belirlilik Varsayımında Fried-Lovell ve Muniz Modeli I. Aşama
$offtext

*===========================================================================
*=== Girdiler, Çıktılar ve Karar Birimlerini Tanımlama
*===========================================================================
sets
j "KVB's" /Soma,Can,Yatagan,Milas,Tavsanli,Ilgin,Seyitomer,Orhaneli/
ir 'kontrol edilemeyen girdiler, girdiler ve ciktilar' / Yatirim, Personel, Uretim, Gelir/
i(ir)'girdiler'/ Yatirim, Personel /
r(ir)'çıktılar' / Uretim, Gelir/
m(j) 'döngüyü saglayan eleman (incelenen KVB)'
;
alias(j,k);

*===========================================================================
*=== Veriler
*===========================================================================
Table data(j,ir) KVB'lerinin girdi ve çıktı verileri

           Yatirim    Personel   Uretim     Gelir
Soma       10457643   3158       7788116    495200000
Can        4153106    532        1340701    83400000
Yatagan    3221213    1089       4005317    110800000
Milas      520140     631        6718621    152800000
Tavsanli   7759758    2933       3414978    285900000
Ilgin      892076     182        211566     9300000
Seyitomer  4660206    1086       4602873    123900000
Orhaneli   1425464    687        1218771    51400000
;
display data;

*===========================================================================
*===Parametreler
*===========================================================================
parameter x(i,j); x(i,j)=data(j,i);
parameter y(r,j); y(r,j)=data(j,r);
```

Ek 2 Devam ediyor;

```
*=============================================================================
*===Değişkenler
*=============================================================================
positive variables
u(k,j)'dual ağırlık'
slaki (i,j)
slakr (r,j)
;
variables
eff 'k. KVB nin etkinliği'
theta     'etkinlik toplamı'
;

*=============================================================================
*===Eşitlikler
*=============================================================================
equations
amac
cikti(k,r) 'dual çıktı'
girdi(k,i) 'dual girdi'
konveks(k) 'konvekslik'
;
amac.. theta=e=sum(k,eff(k));
cikti (k,r).. sum(j,u(k,j)*y(r,j))-slakr(r,k)=e=y(r,k);
girdi (k,i)..sum (j, u(k,j)*x(i,j))+slaki(i,k)=e=eff(k)*x(i,k);
konveks(k) ..sum (j,u(k,j))=e=1;

model vza /amac, cikti, girdi, konveks/;
*=============================================================================
*===Çözüm
*=============================================================================


alias(j,iter);
parameter etkinlik(j);
loop(iter,
m(j)=no;
m(iter)=yes;
solve vza using lp minimizing theta;
abort$(vza.modelstat<>1)"LP was not optimal";
etkinlik(iter)=theta.l;
);
display etkinlik;
```

Ek 2 Devam ediyor;

```
*==========================================================================
*Çıktıların Sıralanması
*==========================================================================
set rnk /rnk1*rnk1000/;
parameter rank(j);
alias (j,jj);
rank(j)=sum(jj$(etkinlik(jj)>=etkinlik(j)),1);
parameter etkinlik2(rnk,j);
etkinlik2(rnk,j)=etkinlik(j)$(rank(j)=ord(rnk));
option etkinlik2:4:0:1;
display etkinlik2;

*==========================================================================
*===Sonuç Dosyaları
*==========================================================================
execute_unload "FM_Asama1_belirlilik_sonuc1.gdx" u.L slaki.L slakr.L eff;
execute 'gdxxrw.exe FM_Asama1_belirlilik_sonuc1.gdx var=u.L rng=A1';
execute 'gdxxrw.exe FM_Asama1_belirlilik_sonuc1.gdx var=slaki.L rng=Newsheet!A1';
execute 'gdxxrw.exe FM_Asama1_belirlilik_sonuc1.gdx var=slakr.L rng=Newsheet!G1';
```

Ek 3 Belirlilik Varsayımında Fried-Lovell ve Muniz Modelinin II. Aşamasında Yatırım Girdisi için Yazılan GAMS Programı

```
$ontext
Veri Zarflama Analizi (VZA)
Yaşar KASAP, 2007
Doktora Çalışması
Belirlilik Varsayımında Fried-Lovell ve Muniz Modeli II. Aşama
$offtext

*==========================================================================
*=== Girdiler, Çıktılar ve Karar Birimlerini Tanımlama
*==========================================================================
sets
j "KVB's" /Soma,Can,Yatagan,Milas, Tavsanli,Ilgin, Seyitomer,Orhaneli/
lir 'kontrol edilemeyen girdiler, girdiler ve ciktilar' / Rezerv,AID, Kukurt, Yatirim, Uretim, Gelir/
l(lir)'kontrol edilemeyen girdiler'/ Rezerv,AID, Kukurt/
i(lir)'girdiler'/ Yatirim/
r(lir)'çıktılar' / Uretim, Gelir/
m(j) 'döngüyü saglayan eleman (incelenen KVB)'
;
alias(j,k);

*==========================================================================
*=== Veriler
*==========================================================================
Table data(j,lir)  KVB'lerinin girdi ve çıktı verileri
            Rezerv    AID     Kukurt    Yatirim
Soma        316550    2705    0.61      10457643
Can          43179    4500    3.81       4153106
Yatagan      72572    2230    1.41       3221213
Milas       150478    1955    3.93        520140
Tavsanli    147413    2330    2.17       7759758
Ilgin        51307    2776    1.73        892076
Seyitomer    79020    1840    1.03       4660206
Orhaneli     51885    2200    2.07       1425464
;
display data;
Table slaki(i,j)

                Can        Yatagan    Tavsanli    Seyitomer
Yatirim         2530763    848752     0           1724648
*personel                             43
;
display slaki;
```

Ek 3 Devam ediyor;

```
Table theta(j,j)
            Soma      Can     Yatagan    Milas      Tavsanli    Ilgin      Seyitomer      Orhaneli
*Soma        1
Can                 0.778
Yatagan                        0.459
*Milas                                     1
Tavsanli                                            0.565
*Ilgin                                                           1
Seyitomer                                                                    0.498
Orhaneli                                                                                    0.523
;
display theta;
*=========================================================================
*===Parametreler
*=========================================================================
parameter x(i,j); x(i,j)=data(j,i);
parameter z(l,j); z(l,j)=data(j,l);
*=========================================================================
*===Değişkenler
*=========================================================================
positive variables
lamd(k,j)'dual ağırlık'
slaks (i,j) 'slaklerin slaki'
slakl (l,j) 'kontrol edilemeyen girdinin slaki'
;
variables
eff 'k. KVB nin etkinliği'
beta   'etkinlik toplamı'
;
*=========================================================================
*===Eşitlikler
*=========================================================================
equations
amac
kontrol_edilemeyen_girdi(k,l) 'dual girdi'
slakler(k,i) 'dual çıktı'
konveks(k) 'konvekslik'
;
amac.. beta=e=sum(k,eff(k));
kontrol_edilemeyen_girdi (k,l)..sum (j, lamd(k,j)*z(l,j))-slakl(l,k)=e=z(l,k);
slakler (k,i).. sum(j,lamd(k,j)*((1-theta(j,j))*x(i,j)+slaki(i,j)))+slaks(i,k)=e=eff(k)*((1-theta(k,k))*x(i,k)+slaki(i,k));
konveks(k) ..sum (j,lamd(k,j))=e=1;
```

Ek 3 Devam ediyor;

```
model vza /amac, kontrol_edilemeyen_girdi, slakler, konveks/;

*==========================================================================
*===Çözüm
*==========================================================================

alias(j,iter);
parameter etkinlik(j);
loop(iter,
m(j)=no;
m(iter)=yes;
solve vza using lp minimizing beta;
abort$(vza.modelstat<>1)"LP was not optimal";
etkinlik(iter)=beta.l;
);

display etkinlik;
*==========================================================================
*Çıktıların Sıralanması
*==========================================================================
set rnk /rnk1*rnk1000/;
parameter rank(j);
alias (j,jj);
rank(j)=sum(jj$(etkinlik(jj)>=etkinlik(j)),1);
parameter etkinlik2(rnk,j);
etkinlik2(rnk,j)=etkinlik(j)$(rank(j)=ord(rnk));
option etkinlik2:4:0:1;
display etkinlik2;

*==========================================================================
*===Sonuç Dosyaları
*==========================================================================
execute_unload "FM_Asama2_yatirim_sonuc1.gdx" lamd.L slaks.L slakl.L eff;
execute 'gdxxrw.exe FM_Asama2_yatirim_sonuc1.gdx var=lamd.L rng=A1';
execute 'gdxxrw.exe FM_Asama2_yatirim_sonuc1.gdx var=slaks.L rng=Newsheet!A1';
execute 'gdxxrw.exe FM_Asama2_yatirim_sonuc1.gdx var=slakl.L rng=Newsheet!G1';
```

Ek 4 Belirlilik Varsayımında Fried-Lovell ve Muniz Modelinin II. Aşamasında Personel Girdisi için Yazılan GAMS Programı

```
$ontext
Veri Zarflama Analizi (VZA)
Yaşar KASAP, 2007
Doktora Çalışması
Belirlilik Varsayımında Fried-Lovell ve Muniz Modeli II. Aşama
$offtext

*=============================================================================
*=== Girdiler, Çıktılar ve Karar Birimlerini Tanımlama
*=============================================================================
sets
j "KVB's" /Soma,Can,Yatagan,Milas, Tavsanli,Ilgin, Seyitomer,Orhaneli/
lir 'kontrol edilemeyen girdiler, girdiler ve ciktilar' / Rezerv,AID, Kukurt, Personel, Uretim, Gelir/
l(lir)'kontrol edilemeyen girdiler'/ Rezerv,AID, Kukurt/
i(lir)'girdiler'/ Personel/
r(lir)'çıktılar' / Uretim, Gelir/
m(j) 'döngüyü saglayan eleman (incelenen KVB)'
;
alias(j,k);

*=============================================================================
*=== Veriler
*=============================================================================
Table data(j,lir)  KVB'lerinin girdi ve çıktı verileri
            Rezerv    AID    Kukurt   Personel
Soma        316550    2705   0.61     3158
Can          43179    4500   3.81      532
Yatagan      72572    2230   1.41     1089
Milas       150478    1955   3.93      631
Tavsanli    147413    2330   2.17     2933
Ilgin        51307    2776   1.73      182
Seyitomer    79020    1840   1.03     1086
Orhaneli     51885    2200   2.07      687
;
display data;

Table slaki(i,j)
                Can       Yatagan    Tavsanli   Seyitomer
*Yatirim        2530763   848752     0          1724648
Personel                             43
;
display slaki;
```

Ek 4 ,devam ediyor;

```
Table theta(j,j)
            Soma    Can   Yatagan   Milas    Tavsanli   Ilgin    Seyitomer    Orhaneli
*Soma       1
Can                 0.778
Yatagan                   0.459
*Milas                              1
Tavsanli                                     0.565
*Ilgin                                                  1
Seyitomer                                                        0.498
Orhaneli                                                                      0.523
;
display theta;
*==========================================================================
*===Parametreler
*==========================================================================
parameter x(i,j); x(i,j)=data(j,i);
parameter z(l,j); z(l,j)=data(j,l);
*==========================================================================
*===Değişkenler
*==========================================================================
positive variables
lamd(k,j)'dual ağırlık'
slaks (i,j) 'slaklerin slaki'
slakl (l,j) 'kontrol edilemeyen girdinin slaki'
;
variables
eff 'k. KVB nin etkinliği'
beta   'etkinlik toplamı'
;
*==========================================================================
*===Eşitlikler
*==========================================================================
equations
amac
kontrol_edilemeyen_girdi(k,l) 'dual girdi'
slakler(k,i) 'dual çıktı'
konveks(k) 'konvekslik'
;
amac.. beta=e=sum(k,eff(k));
kontrol_edilemeyen_girdi (k,l)..sum (j, lamd(k,j)*z(l,j))-slakl(l,k)=e=z(l,k);
slakler (k,i).. sum(j,lamd(k,j)*((1-theta(j,j))*x(i,j)+slaki(i,j)))+slaks(i,k)=e=eff(k)*((1-theta(k,k))*x(i,k)+slaki(i,k));
konveks(k) ..sum (j,lamd(k,j))=e=1;
```

Ek 4 ,devam ediyor;

```
model vza /amac, kontrol_edilemeyen_girdi, slakler, konveks/;

*===========================================================================
*===Çözüm
*===========================================================================

alias(j,iter);
parameter etkinlik(j);
loop(iter,
m(j)=no;
m(iter)=yes;
solve vza using lp minimizing beta;
abort$(vza.modelstat<>1)"LP was not optimal";
etkinlik(iter)=beta.l;
);

display etkinlik;
*===========================================================================
*Çıktıların Sıralanması
*===========================================================================
set rnk /rnk1*rnk1000/;
parameter rank(j);
alias (j,jj);
rank(j)=sum(jj$(etkinlik(jj)>=etkinlik(j)),1);
parameter etkinlik2(rnk,j);
etkinlik2(rnk,j)=etkinlik(j)$(rank(j)=ord(rnk));
option etkinlik2:4:0:1;
display etkinlik2;

*===========================================================================
*===Sonuç Dosyaları
*===========================================================================
execute_unload "FM_Asama2_personel_sonuc1.gdx" lamd.L slaks.L slakl.L eff;
execute 'gdxxrw.exe FM_Asama2_personel_sonuc1.gdx var=lamd.L rng=A1';
execute 'gdxxrw.exe FM_Asama2_personel_sonuc1.gdx var=slaks.L rng=Newsheet!A1';
execute 'gdxxrw.exe FM_Asama2_personel_sonuc1.gdx var=slakl.L rng=Newsheet!G1';
```

Ek 5 Belirlilik Varsayımında Fried-Lovell ve Muniz Modelinin II. Aşamasında Satılan Üretim Miktarı Çıktısı için Yazılan GAMS Programı

```
$ontext
Veri Zarflama Analizi (VZA)
Yaşar KASAP, 2007
Doktora Çalışması
Belirlilik Varsayımında Fried-Lovell ve Muniz Modeli II. Aşama
$offtext

*=======================================================================
*=== Girdiler, Çıktılar ve Karar Birimlerini Tanımlama
*=======================================================================
sets
j "KVB's" /Soma,Can,Yatagan,Milas, Tavsanli,Ilgin, Seyitomer,Orhaneli/
lir 'kontrol edilemeyen girdiler, girdiler ve ciktilar' / Rezerv,AID, Kukurt, Yatirim, Personel, Uretim, Gelir/
l(lir)'kontrol edilemeyen girdiler'/ Rezerv,AID, Kukurt/
i(lir)'girdiler'/ Yatirim, Personel /
r(lir)'çıktılar' / Uretim, Gelir/
m(j) 'döngüyü saglayan eleman (incelenen KVB)'
k(j) 'incelenen KVB' /Tavsanli/
;
*=======================================================================
*=== Veriler
*=======================================================================
Table data(j,lir) KVB'lerinin girdi ve çıktı verileri
            Rezerv   AID    Kukurt   Yatirim    Personel   Uretim
Soma        316550   2705   0.61     10457643   3158       7788116
Can         43179    4500   3.81     4153106    532        1340701
Yatagan     72572    2230   1.41     3221213    1089       4005317
Milas       150478   1955   3.93     520140     631        6718621
Tavsanli    147413   2330   2.17     7759758    2933       3414978
Ilgin       51307    2776   1.73     892076     182        211566
Seyitomer   79020    1840   1.03     4660206    1086       4602873
Orhaneli    51885    2200   2.07     1425464    687        1218771
;
display data;

Table slakr(r,j)
            Tavsanli   Seyitomer   Orhaneli
Uretim      3719384    805268      1560743
*Gelir      0          0           14530933
;
display slakr;
```

Ek 5 Devam ediyor;

```
*=================================================================
*===Parametreler
*=================================================================
parameter z(l,j); z(l,j)=data(j,l);
*=================================================================
*===Değişkenler
*=================================================================
positive variables
lamd(k,j)'dual ağırlık'
slakl (l,j) 'kontrol edilemeyen girdinin slaki'
slakrr(r,j)
;
variables
eff'k. KVB nin etkinliği'
beta  'etkinlik toplamı'
;
*=================================================================
*===Eşitlikler
*=================================================================
equations
amac
kontrol_edilemeyen_girdi(k,l) 'dual girdi'
*slakler(k,i) 'dual çıktı'
slakler11 (k,r)
konveks(k) 'konvekslik'
;
amac.. beta=e=sum(k,eff(k));
kontrol_edilemeyen_girdi (k,l)..sum (j, lamd(k,j)*z(l,j))-slakl(l,k)=e=z(l,k);
slakler11 (k,r).. sum(j,lamd(k,j)*slakr(r,j))+slakrr(r,k)=e=eff(k)*slakr(r,k);
konveks(k) ..sum (j,lamd(k,j))=e=1;

model vza /amac, kontrol_edilemeyen_girdi, slakler11, konveks/;
*=================================================================
*===Çözüm
*=================================================================
alias(j,iter);
parameter etkinlik(j);
loop(iter,
m(j)=no;
m(iter)=yes;
solve vza using lp minimizing beta;
abort$(vza.modelstat<>1)"LP was not optimal";
etkinlik(iter)=beta.l; );
```

Ek 5 Devam ediyor;

```
display etkinlik;
*==========================================================================
*Çıktıların Sıralanması
*==========================================================================
set rnk /rnk1*rnk1000/;
parameter rank(j);
alias (j,jj);
rank(j)=sum(jj$(etkinlik(jj)>=etkinlik(j)),1);
parameter etkinlik2(rnk,j);
etkinlik2(rnk,j)=etkinlik(j)$(rank(j)=ord(rnk));
option etkinlik2:4:0:1;
display etkinlik2;

*==========================================================================
*===Sonuç Dosyaları
*==========================================================================
execute_unload "FM_Asama2_Uretim_Cikti_sonuc1.gdx" lamd.L slakrr.L slakl.L eff;
execute 'gdxxrw.exe FM_Asama2_Uretim_Cikti_sonuc1.gdx var=lamd.L rng=A1';
execute 'gdxxrw.exe FM_Asama2_Uretim_Cikti_sonuc1.gdx var=slakrr.L rng=Newsheet!A1';

execute 'gdxxrw.exe FM_Asama2_Uretim_Cikti_sonuc1.gdx var=slakl.L rng=Newsheet!G1';
```

Ek 6 Belirlilik Varsayımında Fried-Lovell ve Muniz Modelinin II. Aşamasında Toplam Gelir Çıktısı için Yazılan GAMS Programı

```
$ontext
Veri Zarflama Analizi (VZA)
Yaşar KASAP, 2007
Doktora Çalışması
Belirlilik Varsayımında Fried-Lovell ve Muniz Modeli II. Aşama
$offtext

*=========================================================================
*=== Girdiler, Çıktılar ve Karar Birimlerini Tanımlama
*=========================================================================
sets
j "KVB's" /Soma,Can,Yatagan,Milas, Tavsanli,Ilgin, Seyitomer,Orhaneli/
lir 'kontrol edilemeyen girdiler, girdiler ve ciktilar' / Rezerv,AID, Kukurt, Yatirim, Personel, Uretim, Gelir/
l(lir)'kontrol edilemeyen girdiler'/ Rezerv,AID, Kukurt/
i(lir)'girdiler'/ Yatirim, Personel /
r(lir)'çıktılar' / Uretim, Gelir/
m(j) 'döngüyü saglayan eleman (incelenen KVB)'
k(j) 'incelenen KVB' /Orhaneli/
;
*=========================================================================
*=== Veriler
*=========================================================================
Table data(j,lir) KVB'lerinin girdi ve çıktı verileri
            Rezerv     AID    Kukurt  Personel    Gelir
Soma        316550     2705    0.61    3158     495200000
Can          43179     4500    3.81     532      83400000
Yatagan      72572     2230    1.41    1089     110800000
Milas       150478     1955    3.93     631     152800000
Tavsanli    147413     2330    2.17    2933     285900000
Ilgin        51307     2776    1.73     182       9300000
Seyitomer    79020     1840    1.03    1086     123900000
Orhaneli     51885     2200    2.07     687      51400000
;
display data;

Table slakr(r,j)
              Tavsanli    Seyitomer    Orhaneli
*Uretim       3719384      805268      1560743
Gelir               0           0     14530933
;
display slakr;
```

Ek 6 Devam ediyor;

```
*==========================================================================
*===Parametreler
*==========================================================================
parameter z(l,j); z(l,j)=data(j,l);
parameter slakr(r,j) ;
*==========================================================================
*===Değişkenler
*==========================================================================
positive variables
lamd(k,j)'dual ağırlık'
slakl (l,j) 'kontrol edilemeyen girdinin slaki'
slakrr(r,j)
;
variables
eff 'k. KVB nin etkinliği'
beta   'etkinlik toplamı'
;
*==========================================================================
*===Eşitlikler
*==========================================================================
equations
amac
kontrol_edilemeyen_girdi(k,l) 'dual girdi'
*slakler(k,i) 'dual çıktı'
slakler11 (k,r)
konveks(k) 'konvekslik'
;
amac.. beta=e=sum(k,eff(k));
kontrol_edilemeyen_girdi (k,l)..sum (j, lamd(k,j)*z(l,j))-slakl(l,k)=e=z(l,k);
slakler11 (k,r).. sum(j,lamd(k,j)*slakr(r,j))+slakrr(r,k)=e=eff(k)*slakr(r,k);
konveks(k) ..sum (j,lamd(k,j))=e=1;
model vza /amac, kontrol_edilemeyen_girdi, slakler11, konveks/;
*==========================================================================
*===Çözüm
*==========================================================================
alias(j,iter);
parameter etkinlik(j);
loop(iter,
m(j)=no;
m(iter)=yes;
solve vza using lp minimizing beta;
abort$(vza.modelstat<>1)"LP was not optimal";
etkinlik(iter)=beta.l;);
```

Ek 6 Devam ediyor;

```
display etkinlik;
*===================================================================================
*Çıktıların Sıralanması
*===================================================================================
set rnk /rnk1*rnk1000/;
parameter rank(j);
alias (j,jj);
rank(j)=sum(jj$(etkinlik(jj)>=etkinlik(j)),1);
parameter etkinlik2(rnk,j);
etkinlik2(rnk,j)=etkinlik(j)$(rank(j)=ord(rnk));
option etkinlik2:4:0:1;
display etkinlik2;

*===================================================================================
*===Sonuç Dosyaları
*===================================================================================
execute_unload "FM_Asama2_Gelir_Cikti_sonuc1.gdx" lamd.L slakrr.L slakl.L eff;
execute 'gdxxrw.exe FM_Asama2_Gelir_Cikti_sonuc1.gdx var=lamd.L rng=A1';
execute 'gdxxrw.exe FM_Asama2_Gelir_Cikti_sonuc1.gdx var=slakrr.L rng=Newsheet!A1';
execute 'gdxxrw.exe FM_Asama2_Gelir_Cikti_sonuc1.gdx var=slakl.L rng=Newsheet!G1';
```

Ek 7 Belirlilik Varsayımında GAMS Programı ile Yazılmış Fried-Lovell ve Muniz Modelinin III. Aşaması

```
$ontext
Veri Zarflama Analizi (VZA)
Yaşar KASAP, 2007
Doktora Çalışması
Belirlilik Varsayımında Fried-Lovell ve Muniz Modeli III. Aşama
$offtext

*==========================================================================
*=== Girdiler, Çıktılar ve Karar Birimlerini Tanımlama
*==========================================================================
sets
j "KVB's" /Soma,Can,Yatagan,Milas,Tavsanli,Ilgin,Seyitomer,Orhaneli/
ir 'kontrol edilemeyen girdiler, girdiler ve ciktilar' / Yatirim, Personel, Uretim, Gelir/
i(ir)'girdiler'/ Yatirim, Personel /
r(ir)'çıktılar' / Uretim, Gelir/
m(j) 'döngüyü saglayan eleman (incelenen KVB)'
;
alias(j,k);
*==========================================================================
*=== Veriler
*==========================================================================
Table data(j,ir) KVB'lerinin girdi ve çıktı verileri

            Yatirim    Personel   Uretim     Gelir
Soma        10457643   3158       7788116    495200000
Can         4153106    532        1340701    83400000
Yatagan     3221213    1089       4005317    110800000
Milas       520140     631        6718621    152800000
Tavsanli    7759758    2933       3414978    285900000
Ilgin       892076     182        211566     9300000
Seyitomer   4660206    1086       4602873    123900000
Orhaneli    1425464    687        1218771    51400000
;
display data;

Table slaki(i,j)

            Can        Yatagan    Tavsanli   Seyitomer
Yatirim     2530763    848752     0          1724648
Personel    0          0          43         0
;
display slaki;
```

Ek 7 Devam ediyor;

```
Table slakr(r,j)
            Tavsanli      Seyitomer      Orhaneli
Uretim      3719384       805268         1560743
Gelir       0             0              14530933
;
display slakr;

Table theta(j,j)
            Soma   Can    Yatagan  Milas   Tavsanli  Ilgin   Seyitomer   Orhaneli
Soma        1
Can                0.778
Yatagan                   0.459
Milas                              1
Tavsanli                                   0.565
Ilgin                                              1
Seyitomer                                                   0.498
Orhaneli                                                                 0.523
;
display theta;
Table beta(j,ir)
           Yatirim   Personel   Uretim   Gelir
Soma       1         1          0        0
Can        1         1          0        0
Yatagan    0.249     0.439      0        0
Milas      1         1          0        0
Tavsanli   0.455     0.552      0        0
Ilgin      1         0.862      0        0
Seyitomer  0.128     0.531      0        0
Orhaneli   0.928     0.487      0        0
;
display beta;
*=====================================================================
*===Parametreler
*=====================================================================
parameter x(i,j); x(i,j)=data(j,i);
parameter y(r,j); y(r,j)=data(j,r);
*=====================================================================
*===Değişkenler
*=====================================================================
positive variables
u1(k,j)'dual ağırlık'
slakm (i,j) 'üçüncü aşama girdi slaki'
slakn (r,j) 'üçüncü aşama çıktı slaki';
```

Ek 7 Devam ediyor;

```
variables
eff 'k. KVB nin etkinliği'
theta3    'etkinlik toplamı'
;
*===========================================================================
*===Eşitlikler
*===========================================================================
equations
amac
cikti(k,r) 'dual çıktı'
girdi(k,i) 'dual girdi'
konveks(k) 'konvekslik'
;
amac.. theta3=e=sum(k,eff(k));
cikti (k,r).. sum(j,u1(k,j)*(y(r,j)+slakr(r,j)))-slakn(r,k)=e=(y(r,k)+slakr(r,k));
girdi (k,i)..sum (j, u1(k,j)*(x(i,j)-beta(j,i)*((1-theta(j,j))*x(i,j)+slaki(i,j))))+slakm(i,k)=e=eff(k)*(x(i,k)-beta(k,i)*((1-
theta(k,k))*x(i,k)+slaki(i,k)));
konveks(k) ..sum (j,u1(k,j))=e=1;
model vza /amac, cikti, girdi, konveks/;

*===========================================================================
*===Çözüm
*===========================================================================
alias(j,iter);
parameter etkinlik(j);
loop(iter,
m(j)=no;
m(iter)=yes;
solve vza using lp minimizing theta3;
abort$(vza.modelstat<>1)"LP was not optimal";
etkinlik(iter)=theta3.l;
);
display etkinlik;
*===========================================================================
*Çıktıların Sıralanması
*===========================================================================
set rnk /rnk1*rnk1000/;
parameter rank(j);
alias (j,jj);
rank(j)=sum(jj$(etkinlik(jj)>=etkinlik(j)),1);
parameter etkinlik2(rnk,j);
etkinlik2(rnk,j)=etkinlik(j)$(rank(j)=ord(rnk));
option etkinlik2:4:0:1;
display etkinlik2;
```

```
*==========================================================================
*===Sonuç Dosyaları
*==========================================================================
execute_unload "FM_Asama3_Butun_Belirlilik_sonuc1.gdx" u1.L slakm.L slakn.L eff;
execute 'gdxxrw.exe FM_Asama3_Butun_Belirlilik_sonuc1.gdx var=u1.L rng=sayfa1!A1';
execute 'gdxxrw.exe FM_Asama3_Butun_Belirlilik_sonuc1.gdx var=slakm.L rng=Newsheet!A1';
execute 'gdxxrw.exe FM_Asama3_Butun_Belirlilik_sonuc1.gdx var=slakn.L rng=Newsheet!G1';
```

Ek 8 Belirsizlik Ortamında Yapılan Analizlerde Kullanılacak Rassal Sayıların Elde Edilmesinde Kullanılan GAMS Programı

```
$ontext
Veri Zarflama Analizi (VZA)
Yaşar KASAP, 2007
Doktora Çalışması
Risk ve Belirsizlik Ortamında Kullanılacak Rassal Sayıların Elde Edilmesi
$offtext


set
d "Randon Number"/d1*d100/
parameter p(d);   p(d)=uniform(0,1);
display p;

execute_unload "Random_sonuc.gdx" p;
execute 'gdxxrw.exe Random_sonuc.gdx par=p.L rng=A1:B100 Rdim=1';
```

Ek 9 Belirsizlik Ortamında Rezerv Girdisinin Olasılıklı Değerlerini Hesaplamada Kullanılan Rassal Sayılar

	Soma	Can	Yatagan	Milas	Tavsanli	Ilgin	Seyitomer	Orhaneli
d1	0,171747	0,843267	0,550375	0,301138	0,292212	0,224053	0,349831	0,85627
d2	0,067114	0,500211	0,998118	0,578733	0,991133	0,76225	0,130692	0,639719
d3	0,159518	0,250081	0,668929	0,435356	0,3597	0,351441	0,131492	0,150102
d4	0,589114	0,830893	0,230816	0,665734	0,775858	0,303658	0,110492	0,502385
d5	0,160173	0,872462	0,265115	0,285814	0,593956	0,722719	0,628249	0,463798
d6	0,413307	0,117695	0,314212	0,046552	0,33855	0,1821	0,645727	0,560746
d7	0,769962	0,297806	0,661106	0,755822	0,627447	0,283864	0,086425	0,102515
d8	0,641251	0,545309	0,031525	0,792361	0,072767	0,175661	0,525633	0,750208
d9	0,178124	0,034141	0,585131	0,62123	0,389362	0,358714	0,243035	0,246422
d10	0,130503	0,93345	0,379938	0,7834	0,300034	0,125483	0,748874	0,069232
d11	0,202016	0,005066	0,269613	0,499851	0,151286	0,174169	0,330638	0,316906
d12	0,322087	0,963977	0,993602	0,369903	0,372889	0,771978	0,396684	0,913096
d13	0,119578	0,735479	0,055418	0,5763	0,051407	0,006008	0,401228	0,519881
d14	0,628877	0,22575	0,396121	0,276006	0,152373	0,936323	0,422661	0,134663
d15	0,386056	0,374633	0,268481	0,948371	0,18894	0,29751	0,074553	0,401346
d16	0,101689	0,38389	0,324094	0,192134	0,112368	0,596558	0,511449	0,045066
d17	0,783102	0,945749	0,596463	0,607341	0,362509	0,594068	0,679854	0,506588
d18	0,159254	0,656892	0,52388	0,124396	0,986721	0,228123	0,675655	0,776777
d19	0,932452	0,201242	0,297136	0,197228	0,246346	0,646476	0,734973	0,085437
d20	0,150348	0,434188	0,186938	0,692693	0,762974	0,154806	0,389378	0,695428
d21	0,845812	0,612721	0,975972	0,026889	0,187449	0,087119	0,540401	0,126864
d22	0,733999	0,113232	0,488354	0,7956	0,492047	0,533561	0,010624	0,54387
d23	0,451129	0,975328	0,183847	0,163532	0,024634	0,177823	0,061319	0,016644
d24	0,835655	0,601659	0,027017	0,196094	0,950711	0,335542	0,594262	0,259191
d25	0,640634	0,155249	0,460017	0,39334	0,805462	0,540992	0,390722	0,557819
d26	0,932761	0,348766	0,008287	0,948836	0,571924	0,333626	0,983748	0,766458
d27	0,110095	0,994804	0,580325	0,166416	0,643357	0,344312	0,912326	0,900063
d28	0,016258	0,368631	0,66438	0,593381	0,034571	0,84182	0,932081	0,507965
d29	0,299597	0,496623	0,04493	0,773703	0,53297	0,746767	0,72005	0,631601
d30	0,114917	0,97116	0,706743	0,986272	0,854821	0,621441	0,701315	0,700889
d31	0,790703	0,610225	0,054313	0,485176	0,052548	0,698581	0,194784	0,226034
d32	0,813635	0,991731	0,75067	0,718344	0,000591	0,263858	0,82382	0,819529
d33	0,860412	0,212687	0,456789	0,038363	0,323002	0,439877	0,315329	0,134766
d34	0,810956	0,416792	0,141781	0,465535	0,282994	0,895682	0,064408	0,414599
d35	0,341614	0,468286	0,64267	0,643576	0,337606	0,100816	0,905827	0,217351
d36	0,918866	0,451754	0,089931	0,374199	0,41499	0,404195	0,111669	0,751129
d37	0,803404	0,023658	0,480879	0,278586	0,901614	0,017586	0,681039	0,950907
d38	0,900175	0,898803	0,874462	0,390995	0,504214	0,831265	0,602138	0,082246
d39	0,577757	0,593176	0,683773	0,158771	0,331777	0,315855	0,519932	0,363788
d40	0,167756	0,683086	0,505393	0,576235	0,719827	0,683728	0,019849	0,839796
d41	0,710049	0,155509	0,610714	0,661553	0,194367	0,363519	0,623897	0,731389
d42	0,413973	0,157494	0,012519	0,010172	0,952031	0,976679	0,966319	0,856279
d43	0,14161	0,049734	0,553033	0,184029	0,994166	0,809088	0,306207	0,087402
d44	0,430503	0,349685	0,11734	0,585981	0,445527	0,412319	0,914515	0,213784
d45	0,224173	0,542334	0,631056	0,327434	0,148785	0,929148	0,251032	0,062587
d46	0,310144	0,040197	0,821166	0,230961	0,410028	0,302581	0,444922	0,716002
d47	0,593155	0,131194	0,161245	0,315632	0,57206	0,268721	0,036392	0,686392
d48	0,674631	0,332128	0,759939	0,17678	0,68248	0,67299	0,831214	0,51517
d49	0,283032	0,55542	0,413992	0,073408	0,806007	0,332716	0,08469	0,572164
d50	0,022056	0,742039	0,9051	0,560817	0,472826	0,717564	0,51301	0,887081

Ek 9 Devam ediyor;

	Soma	Can	Yatagan	Milas	Tavsanli	Ilgin	Seyitomer	Orhaneli
d51	0,771523	0,140125	0,264515	0,682555	0,449804	0,965525	0,957895	0,899227
d52	0,327546	0,457099	0,59618	0,878624	0,170673	0,633602	0,77159	0,569446
d53	0,027678	0,810994	0,27893	0,433349	0,336262	0,588643	0,574392	0,543421
d54	0,578162	0,977216	0,321466	0,762972	0,962514	0,94899	0,255889	0,324946
d55	0,214788	0,173957	0,731253	0,270161	0,758475	0,61743	0,290997	0,740698
d56	0,007763	0,86651	0,015141	0,428284	0,358649	0,704871	0,415871	0,549798
d57	0,345037	0,699578	0,933475	0,46928	0,213611	0,510783	0,365715	0,9354
d58	0,068008	0,503867	0,392409	0,204855	0,529545	0,589087	0,345803	0,252882
d59	0,547657	0,547482	0,058267	0,377722	0,974067	0,379819	0,156293	0,472258
d60	0,397002	0,205522	0,627343	0,003546	0,503953	0,002227	0,521366	0,836123
d61	0,072116	0,760649	0,290146	0,24495	0,43598	0,368808	0,553423	0,074663
d62	0,909442	0,048698	0,820357	0,79295	0,659535	0,391771	0,413153	0,865681
d63	0,975317	0,572376	0,313967	0,45503	0,37102	0,419848	0,085303	0,814544
d64	0,509197	0,734417	0,824383	0,414529	0,924426	0,394148	0,444315	0,69547
d65	0,676693	0,571543	0,173516	0,604349	0,585995	0,727781	0,246227	0,142082
d66	0,891192	0,442765	0,114317	0,903619	0,333851	0,996023	0,464495	0,530492
d67	0,190381	0,199058	0,644896	0,799082	0,586357	0,971568	0,491086	0,372538
d68	0,827174	0,820866	0,031339	0,925197	0,003092	0,618023	0,006655	0,405575
d69	0,656289	0,615502	0,263405	0,070448	0,045967	0,16027	0,452481	0,168872
d70	0,571598	0,858707	0,035865	0,355355	0,337868	0,48649	0,259369	0,891192
d71	0,849326	0,634517	0,986466	0,757917	0,507883	0,767774	0,832128	0,583936
d72	0,57506	0,556705	0,603578	0,97705	0,554073	0,935042	0,4132	0,806446
d73	0,000778	0,455261	0,419165	0,015665	0,08198	0,598814	0,555175	0,618005
d74	0,885091	0,189866	0,428063	0,166509	0,886264	0,676541	0,863342	0,092757
d75	0,996483	0,61681	0,00077	0,608945	0,173708	0,311185	0,728882	0,084747
d76	0,441987	0,659057	0,484454	0,318187	0,914043	0,184227	0,872113	0,456102
d77	0,458925	0,124103	0,103804	0,23489	0,340157	0,873065	0,844785	0,822942
d78	0,480517	0,913759	0,929277	0,108109	0,350601	0,859978	0,340504	0,213094
d79	0,926362	0,360725	0,875989	0,148139	0,455984	0,268254	0,296759	0,115497
d80	0,399782	0,911762	0,251551	0,102978	0,146333	0,386304	0,046406	0,026384
d81	0,154001	0,072708	0,828641	0,399775	0,417172	0,97215	0,243431	0,361966
d82	0,630344	0,242853	0,101061	0,405934	0,479057	0,144946	0,509687	0,885281
d83	0,055478	0,507404	0,764114	0,979002	0,720416	0,871948	0,299525	0,753895
d84	0,843756	0,468228	0,65493	0,378052	0,358875	0,254481	0,255482	0,450619
d85	0,944855	0,335526	0,048491	0,806495	0,732614	0,920015	0,331645	0,209776
d86	0,047149	0,883037	0,092806	0,836906	0,463812	0,000165	0,156577	0,705029
d87	0,280347	0,635576	0,579961	0,962105	0,514191	0,590305	0,56746	0,029897
d88	0,968904	0,593751	0,059618	0,544107	0,127364	0,42049	0,881449	0,716585
d89	0,313576	0,992952	0,055333	0,619079	0,804442	0,296593	0,95892	0,694753
d90	0,631415	0,615975	0,523017	0,141032	0,836731	0,892092	0,69647	0,311788
d91	0,355821	0,761081	0,136362	0,716632	0,963701	0,441918	0,264478	0,444178
d92	0,396705	0,366924	0,621263	0,859731	0,755007	0,900815	0,438045	0,069099
d93	0,938575	0,843968	0,950441	0,579384	0,035217	0,407433	0,057425	0,531969
d94	0,112407	0,893849	0,241689	0,642243	0,29078	0,813564	0,186141	0,500676
d95	0,938821	0,681566	0,185232	0,872884	0,165008	0,43083	0,771731	0,97805
d96	0,944462	0,248838	0,886465	0,884427	0,964948	0,749144	0,647604	0,748378
d97	0,523169	0,686112	0,691068	0,865648	0,795757	0,217551	0,589622	0,922616
d98	0,602903	0,035704	0,91112	0,565013	0,324824	0,390125	0,299323	0,218964
d99	0,82172	0,152663	0,950548	0,031917	0,734463	0,110493	0,487753	0,361037
d100	0,216392	0,923707	0,449963	0,971083	0,096335	0,478919	0,722166	0,433205

Ek 10 Belirsizlik Ortamında Alt Isıl Değer Girdisinin Olasılıklı Değerlerini Hesaplamada Kullanılan Rassal Sayılar

	Soma	Can	Yatagan	Milas	Tavsanli	Ilgin	Seyitomer	Orhaneli
d1	0,158178	0,100658	0,805512	0,398688	0,117094	0,874353	0,144855	0,177741
d2	0,545204	0,4686	0,909183	0,72309	0,166352	0,327552	0,581346	0,577537
d3	0,627575	0,026734	0,129421	0,064134	0,311098	0,578506	0,809803	0,679202
d4	0,735671	0,338608	0,224235	0,900027	0,829384	0,316222	0,952221	0,256689
d5	0,626115	0,971256	0,962081	0,425282	0,105393	0,077084	0,644126	0,31222
d6	0,595183	0,606378	0,633652	0,958237	0,082263	0,125371	0,60522	0,74148
d7	0,84752	0,35246	0,641413	0,89573	0,388167	0,2734	0,970395	0,346214
d8	0,409589	0,939864	0,602931	0,899543	0,284731	0,222239	0,574838	0,5095
d9	0,55748	0,34417	0,398265	0,776227	0,028229	0,362382	0,755817	0,474912
d10	0,076186	0,097503	0,32967	0,200605	0,090753	0,448766	0,462809	0,811964
d11	0,449999	0,954256	0,122639	0,406599	0,886368	0,703155	0,874919	0,555134
d12	0,255627	0,259177	0,355123	0,136884	0,807066	0,325978	0,428836	0,008959
d13	0,224289	0,660669	0,287403	0,131118	0,407116	0,161623	0,86175	0,377712
d14	0,888609	0,269979	0,777388	0,422785	0,429854	0,249066	0,38177	0,070981
d15	0,715629	0,702904	0,070158	0,968509	0,270018	0,318149	0,883385	0,586224
d16	0,382089	0,972983	0,670833	0,951145	0,718255	0,443597	0,879729	0,469808
d17	0,463851	0,371434	0,118342	0,965381	0,843546	0,72133	0,964444	0,364573
d18	0,768307	0,332476	0,542079	0,138436	0,313668	0,079881	0,934152	0,494254
d19	0,678912	0,691564	0,054743	0,240202	0,882748	0,100585	0,678361	0,101378
d20	0,042809	0,753454	0,987038	0,014839	0,146861	0,99098	0,132193	0,085427
d21	0,185949	0,790164	0,86452	0,747932	0,389487	0,795038	0,620982	0,761373
d22	0,580265	0,663559	0,082141	0,566864	0,44323	0,328251	0,330597	0,122911
d23	0,61786	0,533949	0,14408	0,392277	0,014762	0,870771	0,245519	0,803183
d24	0,08403	0,987224	0,558265	0,681923	0,859579	0,586732	0,03952	0,912935
d25	0,542497	0,220985	0,925566	0,792781	0,739381	0,677742	0,501188	0,431123
d26	0,570084	0,111038	0,987006	0,5194	0,706486	0,842018	0,657379	0,116513
d27	0,274248	0,08316	0,50531	0,232685	0,79857	0,988053	0,325053	0,855373
d28	0,789978	0,321094	0,21287	0,520887	0,3405	0,25641	0,993066	0,247789
d29	0,12148	0,943705	0,253196	0,363349	0,394099	0,836343	0,443999	0,926296
d30	0,479206	0,903878	0,509529	0,914177	0,19241	0,144141	0,760374	0,330576
d31	0,000186	0,543426	0,535061	0,868599	0,454538	0,358328	0,11389	0,669545
d32	0,938008	0,015072	0,341923	0,865366	0,460853	0,421058	0,725832	0,669589
d33	0,092899	0,526591	0,895432	0,99013	0,506863	0,644504	0,760301	0,906079
d34	0,166288	0,515181	0,024995	0,448178	0,501291	0,681192	0,799045	0,872953
d35	0,282977	0,910494	0,450858	0,874014	0,21689	0,080131	0,705292	0,900495
d36	0,018139	0,460415	0,623968	0,716356	0,335155	0,012876	0,356212	0,368169
d37	0,916872	0,990129	0,20769	0,350392	0,486761	0,643861	0,056328	0,917025
d38	0,038116	0,302376	0,070029	0,466486	0,560697	0,465094	0,547329	0,177966
d39	0,38196	0,512916	0,956546	0,602291	0,454817	0,690085	0,707102	0,089832
d40	0,408099	0,13683	0,734626	0,592765	0,35746	0,073677	0,630809	0,776008
d41	0,420483	0,807434	0,60465	0,659033	0,797631	0,648796	0,122216	0,760042
d42	0,633112	0,829007	0,90882	0,858561	0,966241	0,035747	0,962487	0,003067
d43	0,118492	0,758602	0,255504	0,914097	0,287044	0,686623	0,27527	0,39028
d44	0,094698	0,21756	0,843529	0,842258	0,88356	0,150249	0,750737	0,522936
d45	0,277382	0,621851	0,965194	0,572949	0,335738	0,399842	0,520378	0,218795
d46	0,70111	0,353887	0,304427	0,95367	0,201667	0,922581	0,468725	0,802523
d47	0,334774	0,081414	0,133485	0,7605	0,094155	0,445371	0,793827	0,462615
d48	0,3245	0,353886	0,174235	0,987748	0,129356	0,147487	0,657589	0,163165
d49	0,811806	0,602659	0,297865	0,501146	0,488418	0,784521	0,621107	0,605577
d50	0,802056	0,653213	0,459281	0,596959	0,979522	0,185438	0,982181	0,957868

Ek 10 Devam ediyor;

	Soma	Can	Yatagan	Milas	Tavsanli	Ilgin	Seyitomer	Orhaneli
d51	0,482934	0,250764	0,484798	0,809883	0,51944	0,974729	0,102453	0,469948
d52	0,017201	0,306161	0,300928	0,28045	0,433257	0,502627	0,201078	0,552619
d53	0,883153	0,57951	0,788262	0,113091	0,658438	0,066412	0,898056	0,886606
d54	0,732628	0,627875	0,365208	0,037215	0,728657	0,614169	0,839522	0,922979
d55	0,236607	0,449937	0,27202	0,055288	0,966585	0,017751	0,017717	0,148491
d56	0,470734	0,724916	0,165409	0,088576	0,264143	0,402312	0,904467	0,448169
d57	0,348786	0,50561	0,395292	0,056941	0,716714	0,179658	0,623093	0,401521
d58	0,117279	0,724298	0,715728	0,074069	0,180902	0,639838	0,145448	0,663315
d59	0,131926	0,707421	0,570575	0,033405	0,285193	0,40583	0,830837	0,094408
d60	0,155523	0,903304	0,457773	0,896923	0,865179	0,546209	0,32159	0,963352
d61	0,910526	0,083008	0,638712	0,078356	0,332566	0,103034	0,254086	0,747203
d62	0,090848	0,593507	0,709876	0,399852	0,217434	0,795248	0,721782	0,788745
d63	0,423988	0,884958	0,655319	0,761515	0,201234	0,351847	0,565015	0,769276
d64	0,717348	0,282201	0,398502	0,650301	0,281602	0,736488	0,668893	0,489404
d65	0,359089	0,678513	0,345412	0,566733	0,800316	0,222469	0,426708	0,681988
d66	0,153715	0,127755	0,86772	0,765042	0,578964	0,78856	0,896803	0,438956
d67	0,58892	0,835859	0,420601	0,069775	0,025198	0,850983	0,349599	0,096482
d68	0,25858	0,137132	0,293233	0,597172	0,688136	0,548545	0,168325	0,814766
d69	0,553706	0,44282	0,165685	0,520151	0,826866	0,042277	0,197605	0,716567
d70	0,314384	0,621914	0,476322	0,795404	0,521011	0,470607	0,613753	0,814044
d71	0,824428	0,50158	0,785123	0,735394	0,414897	0,705541	0,578878	0,276082
d72	0,039801	0,267056	0,234167	0,697283	0,968382	0,679506	0,59114	0,502679
d73	0,658758	0,33903	0,254037	0,171936	0,257464	0,475572	0,876105	0,402291
d74	0,081666	0,70932	0,853335	0,292748	0,277179	0,174802	0,871358	0,270011
d75	0,056154	0,577885	0,886976	0,124222	0,192603	0,685929	0,797265	0,651037
d76	0,468997	0,52869	0,511005	0,407028	0,531096	0,421231	0,562851	0,186629
d77	0,754194	0,711281	0,21644	0,73245	0,573804	0,174797	0,225124	0,988569
d78	0,080979	0,715348	0,710196	0,563914	0,355942	0,482396	0,017502	0,902669
d79	0,973823	0,636995	0,009146	0,419837	0,511181	0,776374	0,698157	0,5857
d80	0,560357	0,627956	0,992141	0,551621	0,033449	0,815932	0,874421	0,666502
d81	0,252076	0,80883	0,817762	0,178947	0,876109	0,048525	0,363108	0,684495
d82	0,715871	0,469528	0,837487	0,011463	0,07489	0,049774	0,804522	0,073058
d83	0,778672	0,62608	0,179794	0,705844	0,442122	0,060173	0,527871	0,415164
d84	0,457244	0,044504	0,474986	0,098232	0,298693	0,822833	0,906903	0,371659
d85	0,862014	0,417448	0,286735	0,18114	0,611038	0,747491	0,846515	0,395939
d86	0,750018	0,884925	0,227234	0,825252	0,979109	0,055656	0,19271	0,062175
d87	0,049314	0,028119	0,596139	0,520662	0,453916	0,93225	0,811695	0,422789
d88	0,756467	0,894397	0,114164	0,393348	0,100112	0,122707	0,564912	0,662688
d89	0,869842	0,729698	0,706432	0,512376	0,665392	0,642501	0,39299	0,498182
d90	0,578643	0,964023	0,955482	0,512788	0,362016	0,94217	0,854807	0,829287
d91	0,052363	0,923365	0,064783	0,482761	0,948412	0,240401	0,119582	0,053183
d92	0,599686	0,107788	0,305031	0,562514	0,384382	0,162021	0,680068	0,28049
d93	0,047438	0,215771	0,750362	0,929335	0,010263	0,817099	0,974641	0,78841
d94	0,573435	0,878642	0,271817	0,147556	0,18279	0,019063	0,642815	0,732223
d95	0,56717	0,570043	0,364504	0,08395	0,694001	0,868119	0,365972	0,164552
d96	0,736074	0,79475	0,049975	0,403717	0,045393	0,375611	0,087534	0,260903
d97	0,454683	0,717497	0,248845	0,30636	0,74946	0,792632	0,779974	0,024244
d98	0,327227	0,544121	0,028845	0,016162	0,428706	0,696794	0,296716	0,70529
d99	0,993624	0,911682	0,462402	0,261675	0,597108	0,01738	0,410648	0,317739
d100	0,509339	0,237985	0,263943	0,69386	0,092896	0,133202	0,109172	0,833342

Ek 11 Belirsizlik Ortamında Kükürt Oranları Girdisinin Olasılıklı Değerlerini Hesaplamada Kullanılan Rassal Sayılar

	Soma	Can	Yatagan	Milas	Tavsanli	Ilgin	Seyitomer	Orhaneli
d1	0,349156	0,883199	0,851459	0,250429	0,201072	0,651251	0,281415	0,118585
d2	0,29774	0,483214	0,250578	0,284357	0,81414	0,80148	0,026432	0,312493
d3	0,247571	0,671523	0,836042	0,316403	0,724204	0,841438	0,679238	0,740094
d4	0,529486	0,388618	0,296097	0,932361	0,817991	0,991564	0,450809	0,448585
d5	0,272303	0,881289	0,833372	0,409643	0,053979	0,564492	0,13812	0,423581
d6	0,547179	0,378452	0,567675	0,72899	0,651407	0,246096	0,581665	0,71459
d7	0,188011	0,860226	0,292306	0,218619	0,511427	0,699105	0,560267	0,336157
d8	0,518765	0,249222	0,410963	0,516282	0,76886	0,663948	0,019156	0,908636
d9	0,453384	0,667635	0,075785	0,411413	0,518402	0,006898	0,186653	0,183606
d10	0,543649	0,552724	0,401554	0,874276	0,621775	0,410067	0,273075	0,012998
d11	0,364434	0,602237	0,839466	0,684789	0,882392	0,617467	0,099429	0,389104
d12	0,02983	0,582943	0,208572	0,402727	0,283078	0,019535	0,125841	0,063964
d13	0,127874	0,283318	0,91485	0,849927	0,219664	0,269172	0,467019	0,516488
d14	0,024184	0,39419	0,675868	0,102418	0,371558	0,570604	0,295997	0,625791
d15	0,939291	0,790117	0,342921	0,585574	0,606747	0,255884	0,038296	0,672775
d16	0,495656	0,383496	0,777545	0,899272	0,006519	0,969447	0,573026	0,08341
d17	0,345192	0,898117	0,542752	0,409009	0,327547	0,989662	0,04016	0,892974
d18	0,309931	0,620846	0,173362	0,183286	0,0572	0,763272	0,870339	0,780609
d19	0,17198	0,692289	0,633867	0,61913	0,000379	0,217205	0,61058	0,460239
d20	0,207532	0,503437	0,331525	0,212766	0,082519	0,283412	0,972839	0,47146
d21	0,221965	0,565369	0,899656	0,157083	0,291328	0,145266	0,859085	0,023549
d22	0,845138	0,271977	0,773845	0,120152	0,78861	0,793748	0,831457	0,113793
d23	0,034127	0,729251	0,88689	0,262025	0,790538	0,635221	0,118827	0,521155
d24	0,172225	0,110499	0,202762	0,214475	0,279276	0,150732	0,766706	0,915741
d25	0,944979	0,070944	0,811728	0,486596	0,467274	0,244548	0,841318	0,381862
d26	0,349369	0,048294	0,012383	0,744494	0,178909	0,937805	0,964583	0,824037
d27	0,725892	0,432253	0,206247	0,113072	0,710386	0,889428	0,126268	0,04638
d28	0,000232	0,641116	0,265141	0,087218	0,765135	0,697493	0,329773	0,465528
d29	0,100689	0,1192	0,924884	0,466601	0,408285	0,013689	0,577069	0,956735
d30	0,454803	0,994658	0,306141	0,405377	0,528873	0,268037	0,731245	0,175585
d31	0,565136	0,25854	0,891941	0,20411	0,380131	0,161593	0,693777	0,37961
d32	0,171287	0,654645	0,195267	0,322009	0,385463	0,817769	0,536724	0,077392
d33	0,274448	0,892231	0,955884	0,385161	0,106348	0,85079	0,78991	0,99664
d34	0,545363	0,944222	0,322534	0,075166	0,770601	0,605113	0,412633	0,985801
d35	0,020656	0,290357	0,4294	0,887568	0,409768	0,682376	0,08615	0,570518
d36	0,729696	0,816835	0,909727	0,720315	0,525693	0,505873	0,980032	0,299555
d37	0,027311	0,816858	0,4285	0,436214	0,994316	0,89807	0,633747	0,014432
d38	0,62046	0,974784	0,657818	0,877567	0,287724	0,647397	0,379378	0,530172
d39	0,389504	0,108049	0,556874	0,68797	0,487996	0,071196	0,976703	0,155248
d40	0,967347	0,489283	0,976877	0,092659	0,273721	0,833175	0,541837	0,550704
d41	0,638081	0,917157	0,546293	0,502564	0,873868	0,021168	0,494762	0,221419
d42	0,80423	0,881662	0,518248	0,097842	0,447612	0,692573	0,061002	0,63055
d43	0,138186	0,24042	0,442113	0,720073	0,520827	0,573847	0,874003	0,876799
d44	0,237303	0,171938	0,869247	0,226468	0,044927	0,391464	0,491038	0,799237
d45	0,486127	0,547739	0,369319	0,311926	0,234764	0,393577	0,509515	0,099146
d46	0,678649	0,669307	0,278202	0,80562	0,985046	0,406185	0,425552	0,150512
d47	0,579555	0,256562	0,566967	0,767848	0,853143	0,242283	0,523393	0,821222
d48	0,488657	0,110079	0,508248	0,975798	0,997984	0,650318	0,006102	0,634822
d49	0,574755	0,430709	0,716788	0,234016	0,793758	0,772906	0,335634	0,341199
d50	0,089362	0,261753	0,362064	0,228354	0,228665	0,079001	0,864472	0,898168

Ek 11 Devam ediyor;

	Soma	Can	Yatagan	Milas	Tavsanli	Ilgin	Seyitomer	Orhaneli
d51	0,3574887	0,0223533	0,9794472	0,765631	0,0231847	0,8444441	0,2153174	0,1694085
d52	0,3069071	0,0875395	0,3810543	0,2135956	0,898815	0,2880962	0,2949163	0,7969872
d53	0,1510585	0,1803597	0,3580081	0,292473	0,3451823	0,7950016	0,0123267	0,339135
d54	0,8144495	0,846894	0,2470208	0,2792956	0,3682797	0,6465943	0,5839196	0,3167187
d55	0,2408316	0,2817798	0,9308718	0,2640772	0,587996	0,4765362	0,4246433	0,4863258
d56	0,6455018	0,5009745	0,0184043	0,545261	0,4909118	0,6755393	0,1189658	0,3690123
d57	0,7981812	0,2380727	0,729639	0,6563892	0,6196336	0,193344	0,6483948	0,8047921
d58	0,5375238	0,9607806	0,7150006	0,7339064	0,062322	0,5295656	0,2101784	0,0884288
d59	0,7852069	0,2158135	0,215612	0,2484969	0,2819944	0,6600946	0,2222327	0,7203497
d60	0,4635717	0,1239918	0,4987151	0,572276	0,4593678	0,6711282	0,249773	0,5526966
d61	0,4848295	0,0186666	0,0506304	0,2892783	0,7821221	0,6857518	0,95923	0,2184784
d62	0,3023326	0,1652408	0,1998154	0,114452	0,9843276	0,3689027	0,0788516	0,2018469
d63	0,7354011	0,0668695	0,8847601	0,6854536	0,4400879	0,3830589	0,2941644	0,8355839
d64	0,1324852	0,7761849	0,575025	0,8358051	0,6411817	0,767634	0,0502767	0,290767
d65	0,671753	0,3207595	0,0642618	0,473544	0,4922086	0,0557406	0,4074742	0,4436549
d66	0,7655734	0,9515348	0,6605009	0,8054582	0,2354513	0,7359069	0,0748479	0,9625972
d67	0,1055875	0,9534542	0,0813642	0,7838285	0,5521623	0,8807608	0,7545154	0,2467568
d68	0,2890276	0,3942412	0,6696447	0,5887781	0,037357	0,1544379	0,6809546	0,341552
d69	0,4502402	0,9693932	0,5885044	0,7618419	0,4173233	0,061565	0,4279909	0,0993084
d70	0,3151501	0,3387112	0,8643229	0,5735393	0,7260037	0,4211634	0,6083878	0,0937672
d71	0,7074908	0,1791144	0,4920645	0,4720783	0,1810377	0,1313452	0,1764954	0,1589102
d72	0,5015433	0,2304222	0,5259476	0,2224856	0,9515794	0,0172866	0,7738559	0,6360927
d73	0,7517194	0,5460488	0,8211307	0,8665486	0,6570553	0,873001	0,2271961	0,038718
d74	0,0686941	0,3959106	0,3437406	0,1691034	0,5865964	0,9189315	0,1142716	0,5128427
d75	0,8192161	0,8338396	0,9475964	0,269723	0,1041612	0,3901876	0,669799	0,1294807
d76	0,0807461	0,5380748	0,6280416	0,4385597	0,2579707	0,1650237	0,0911531	0,532824
d77	0,3811668	0,8050341	0,1243139	0,1305134	0,9761533	0,4805001	0,3701993	0,9775079
d78	0,6475267	0,7218632	0,0289785	0,0156047	0,8208016	0,1559909	0,3535583	0,8614416
d79	0,8886471	0,0504296	0,1338003	0,9787635	0,8035943	0,2629672	0,0081553	0,7823261
d80	0,9575444	0,0592888	0,4492254	0,5954902	0,4450101	0,1278877	0,7235679	0,7299829
d81	0,5315877	0,7702013	0,4430998	0,165433	0,3105437	0,0205044	0,805352	0,6401017
d82	0,3417751	0,4755181	0,0886853	0,9728159	0,2136922	0,5108888	0,6279374	0,8120108
d83	0,9341848	0,5673218	0,6118106	0,5120777	0,0593871	0,8494936	0,831244	0,9616972
d84	0,3737869	0,1136483	0,7929939	0,6961669	0,4437655	0,1794555	0,6286918	0,9209731
d85	0,0759759	0,7163922	0,826325	0,990758	0,5056858	0,5257142	0,8688666	0,2687353
d86	0,60389	0,0607197	0,8267492	0,745893	0,1056367	0,2416596	0,70158	0,4194696
d87	0,4312472	0,0106656	0,3375195	0,2799863	0,0367346	0,1907438	0,3488161	0,7265536
d88	0,6458874	0,3125863	0,1892797	0,8300436	0,6503051	0,8278441	0,992575	0,6199118
d89	0,4465395	0,0730806	0,1520143	0,0577013	0,1573305	0,7664958	0,0872115	0,0604421
d90	0,7533577	0,9463177	0,3182002	0,5853667	0,5054632	0,9416748	0,4764124	0,5098615
d91	0,7147932	0,967552	0,4755677	0,2565245	0,8199556	0,2415729	0,5682063	0,5437368
d92	0,1967997	0,3332122	0,60448	0,0348362	0,3265619	0,7972646	0,7247993	0,8737427
d93	0,8139641	0,6654928	0,1938775	0,4740204	0,3440304	0,8895692	0,4852848	0,8639254
d94	0,3988551	0,8254419	0,2205993	0,187241	0,3594998	0,3871189	0,3527667	0,5322391
d95	0,5195925	0,4931128	0,386278	0,4708496	0,1991523	0,071602	0,543936	0,7301474
d96	0,2467556	0,1612563	0,5520155	0,6316163	0,8976292	0,3626114	0,7200471	0,852937
d97	0,8376012	0,641502	0,4164008	0,2617973	0,1393172	0,0515698	0,3992938	0,2622559
d98	0,4603103	0,8403351	0,5747467	0,4021306	0,3308665	0,7253011	0,7262909	0,6447593
d99	0,3156671	0,4747265	0,3839422	0,3689825	0,293869	0,7246001	0,340395	0,9004207
d100	0,1087165	0,6766982	0,1689659	0,2436658	0,8023577	0,4248426	0,1105677	0,4525373

Ek 12 Kontrol Edilemeyen Faktörlerin Rassal Örneklenmesinde Kullanılan GAMS Programı

```
$ontext
Veri Zarflama Analizi (VZA)örnek
Yaşar KASAP, Kasım 2006
Doktora Çalışması
Kontrol edilemeyn faktörlerin rassal örneklenmesi
$offtext
*==========================================================================
*=== Girdiler, Çıktılar ve Karar Birimlerini Tanımlama
*==========================================================================
sets
j "KVB's" /Soma,Can,Yatagan,Milas,Tavsanli,Ilgin,Seyitomer,Orhaneli/;
alias(j,k);
*==========================================================================
*=== Random Number Generator
*==========================================================================
set
d "Randon Number"/d1*d100/
parameter p(d,j);  p(d,j)=uniform(0,1);
display p;

set
d1 "Randon Number"/d1*d100/
parameter p1(d1,j);  p1(d1,j)=uniform(0,1);
display p1;

set
d2 "Randon Number"/d1*d100/
parameter p2(d2,j);  p2(d2,j)=uniform(0,1);
display p2;
*==========================================================================
*=== Veriler
*==========================================================================
Table Rez (j,*) kontrol edilemeyen girdiler
              mdr      atr      utr      mda    ata    uta    mdk    atk    utk
Soma        316550    8684   624416    2705   2070   3340   1.27   0.89   1.64
Can          43179     300    86058    4500   4000   5000   4.64   2.62   6.66
Yatagan      72572     643   144501    2230   1790   2670   2.11   1.22   3.00
Milas       150478    1988   298968    1955   1650   2260   3.90   2.10   5.70
Tavsanli    147413    2882   291943    2330   2100   2560   1.39   0.84   1.94
Ilgin        51307      57   102557    2776   2586   2966   1.48   1.15   1.80
Seyitomer    79020    2265   155774    1840   1600   2080   1.23   0.95   1.51
Orhaneli     51885      90   103679    2200   1900   2500   1.86   1.66   2.06;
```

Ek 12 ,devam ediyor;

```
display Rez;

*===========================================================================
*===Parametreler
*===========================================================================
parameter Rezerv(d,j);
loop(j,
Rezerv(d,j)$((p(d,j) <= (Rez(j,'mdr')-Rez(j,'atr'))/(Rez(j,'utr')-Rez(j,'atr'))) and (p(d,j)
>=0))=Rez(j,'atr')+(sqrt((Rez(j,'mdr')-Rez(j,'atr'))*(Rez(j,'utr')-Rez(j,'atr'))*p(d,j)));

Rezerv(d,j)$((p(d,j) > (Rez(j,'mdr')-Rez(j,'atr'))/(Rez(j,'utr')-Rez(j,'atr')))and (p(d,j) <=1))=Rez(j,'utr')-(sqrt((Rez(j,'utr')-
Rez(j,'atr'))*(Rez(j,'utr')-Rez(j,'mdr'))*(1-p(d,j))));
display  Rezerv) ;

parameter ASD(d1,j)
loop(j,
ASD(d1,j)$((p1(d1,j) <= (Rez(j,'mda')-Rez(j,'ata'))/(Rez(j,'uta')-Rez(j,'ata'))) and (p1(d1,j)
>=0))=Rez(j,'ata')+(sqrt((Rez(j,'mda')-Rez(j,'ata'))*(Rez(j,'uta')-Rez(j,'ata'))*p1(d1,j)));

ASD(d1,j)$((p1(d1,j) > (Rez(j,'mda')-Rez(j,'ata'))/(Rez(j,'uta')-Rez(j,'ata')))and (p1(d1,j) <=1))=Rez(j,'uta')-
(sqrt((Rez(j,'uta')-Rez(j,'ata'))*(Rez(j,'uta')-Rez(j,'mda'))*(1-p1(d1,j))));
display  ASD) ;

parameter Kukurt(d2,j)
loop(j,
Kukurt(d2,j)$((p2(d2,j) <= (Rez(j,'mdk')-Rez(j,'atk'))/(Rez(j,'utk')-Rez(j,'atk'))) and (p2(d2,j)
>=0))=Rez(j,'atk')+(sqrt((Rez(j,'mdk')-Rez(j,'atk'))*(Rez(j,'utk')-Rez(j,'atk'))*p2(d2,j)));

Kukurt(d2,j)$((p2(d2,j) > (Rez(j,'mdk')-Rez(j,'atk'))/(Rez(j,'utk')-Rez(j,'atk')))and (p2(d2,j) <=1))=Rez(j,'utk')-
(sqrt((Rez(j,'utk')-Rez(j,'atk'))*(Rez(j,'utk')-Rez(j,'mdk'))*(1-p2(d2,j))));
display  Kukurt) ;


execute_unload "RezASDKukurt_Yeni_sonuc.gdx" Rezerv ASD Kukurt;
execute 'gdxxrw.exe RezASDKukurt_Yeni_sonuc.gdx par=Rezerv rng=A1';
execute 'gdxxrw.exe RezASDKukurt_Yeni_sonuc.gdx par=ASD rng=K1';
execute 'gdxxrw.exe RezASDKukurt_Yeni_sonuc.gdx par=Kukurt rng=U1';

execute_unload "RezASDKukurt_ppp_Yeni_sonuc.gdx" p, p1, p2;
execute 'gdxxrw.exe RezASDKukurt_ppp_Yeni_sonuc.gdx par=p rng=A1';
execute 'gdxxrw.exe RezASDKukurt_ppp_Yeni_sonuc.gdx par=p1 rng=K1';
execute 'gdxxrw.exe RezASDKukurt_ppp_Yeni_sonuc.gdx par=p2 rng=U1';
```

Ek 13 Kontrol Edilemeyen Rezerv Girdisinin Rassal Örneklenmesinden Elde Edilen Sonuçlar

	Soma	Can	Yatagan	Milas	Tavsanli	Ilgin	Seyitomer	Orhaneli
d1	189119	62051	76292	117226	113372	34364	66467	75909
d2	121477	43188	140088	162670	272696	67217	41506	59713
d3	182577	30625	85971	140547	125469	43024	41626	28469
d4	345330	61121	49514	177557	195174	39996	38347	52008
d5	182933	64402	53019	114256	161698	64392	89591	49974
d6	288591	21104	57663	47296	121811	30986	91166	55133
d7	415594	33392	85283	195199	167185	38673	34176	23543
d8	363637	45168	18704	203278	58019	30434	81013	67070
d9	192438	11505	78981	169727	130424	43466	55777	36451
d10	165969	70414	63344	201235	114841	25731	101378	19363
d11	204374	4616	53462	150456	82383	30305	64681	41325
d12	255779	74549	136365	129707	127696	67947	70631	82086
d13	159241	54870	24590	162276	49225	5675	71022	52925
d14	359178	29112	64666	112312	82668	84268	72834	26970
d15	279205	37416	53351	251252	91728	39590	31903	46495
d16	147524	37872	58553	94036	71399	56521	79904	15640
d17	421646	71934	79882	167379	125947	56379	94357	52227
d18	182433	50538	74311	76054	268389	34674	93955	69072
d19	511258	27503	56092	95248	104331	59463	99893	21500
d20	177504	40258	44624	182556	192432	28574	69999	63255
d21	453453	48321	128733	36423	91377	21450	82186	26180
d22	399863	20705	71729	204027	146259	53057	13454	54209
d23	301118	76533	44259	86909	34963	30620	29144	9540
d24	447912	47785	17363	94980	246565	42041	86632	37382
d25	363413	24193	69636	133691	201791	53453	70116	54971
d26	511517	36112	9903	251468	158211	41921	141936	68281
d27	153148	81687	78602	87654	169878	42586	123633	80523
d28	64200	37118	85570	165060	40886	73731	127485	52299
d29	246996	43034	22205	199071	152259	66084	98342	59220
d30	156278	75760	89415	274363	214063	57963	96451	63619
d31	425230	48199	24350	148260	49737	62765	50172	34915
d32	436459	80544	93708	187520	7852	37287	110213	72562
d33	461748	28266	69394	43119	119048	48127	63219	26980
d34	435113	39449	38946	145269	111616	79148	29813	47254
d35	263159	41797	83694	173597	121645	23070	122464	34239
d36	500400	41058	31148	130447	134554	46136	38538	67138
d37	431369	9627	71183	112827	227831	9669	94470	87449
d38	486855	66768	108459	133298	148023	72785	87307	21097
d39	341500	47380	87298	85663	120615	40791	80565	44270
d40	187011	51921	72961	162266	183753	61797	17558	74361
d41	389972	24213	81033	176800	92995	43756	89205	65716
d42	288816	24365	12025	23167	247177	91489	135853	75910
d43	172526	13823	76493	92074	276332	70889	62331	21745
d44	294354	36159	35488	163847	139313	46597	124037	33958
d45	214827	45034	82714	122152	81723	83265	56651	18415
d46	251154	12458	101484	102909	133765	39925	74669	64644
d47	346706	22264	41490	119967	158233	37629	22972	62659
d48	376065	35247	94661	90282	176768	61110	111179	52677
d49	240314	45625	66094	58884	201917	41864	33854	55768
d50	73344	55259	113164	159801	143430	64039	80025	79065

Ek 13 Devam ediyor;

	Soma	Can	Yatagan	Milas	Tavsanli	Ilgin	Seyitomer	Orhaneli
d51	416304	23000	52960	180651	139966	89100	133501	80427
d52	257864	41298	79859	225807	87324	58685	103897	55616
d53	81118	59695	54367	140227	121408	56071	84959	54185
d54	341635	76905	58318	196730	252369	86187	57174	41845
d55	210466	25592	91767	111138	191492	57727	60820	66380
d56	47045	63902	13160	139417	125290	63183	72265	54532
d57	264430	52821	118264	145844	97351	51863	67909	85062
d58	122226	43345	64365	97034	151748	56097	66096	36925
d59	331589	45266	25197	131050	259028	44725	45178	50427
d60	283014	27791	82404	14493	147985	3478	80678	74027
d61	125605	56391	55436	105920	137843	44073	83236	20105
d62	493395	13682	101386	203414	172679	45422	72036	76834
d63	556013	46404	57641	143643	127383	47020	33968	72135
d64	319395	54807	101872	137192	235753	45560	74620	63258
d65	376854	46365	43016	166878	160428	64742	56128	27700
d66	480799	40650	35036	233774	120983	97986	76244	53489
d67	198656	27355	83884	204839	160485	90336	78332	44798
d68	443415	60393	18651	241534	14248	57762	11120	46738
d69	369162	48456	52850	57725	46705	29073	75281	30191
d70	339444	63264	19907	127170	121691	50610	57546	79517
d71	455412	49398	132667	195646	148557	67630	111300	56432
d72	340597	45684	80454	267155	155451	84084	72040	71454
d73	20827	41216	66501	28271	61405	56650	83378	58407
d74	476827	26723	67197	87678	223011	61336	115647	22399
d75	598596	48520	3466	167648	88071	40488	99255	21414
d76	298139	50650	71445	120443	232017	31166	116956	49559
d77	303633	21662	33417	103764	122093	76734	113009	72857
d78	310492	68250	117449	71035	123909	75436	65606	33903
d79	506267	36721	108679	82813	140905	37596	61397	24983
d80	283973	68045	51662	69376	81071	45105	25649	11988
d81	179543	16651	102392	134764	134900	90462	55821	44159
d82	359703	30183	32981	135783	144353	27651	79767	78870
d83	111235	43498	95096	268538	183867	76621	61672	67341
d84	452317	41794	84746	131106	125329	36620	57131	49261
d85	522173	35426	23043	206592	186251	82059	64776	33639
d86	103223	65319	31632	214161	142084	989	45217	63897
d87	239213	49451	78574	258089	149478	56165	84385	12755
d88	547639	47407	25480	157179	75828	47056	118400	64684
d89	252492	80967	24571	169361	201555	39529	133773	63210
d90	360086	48480	74247	80851	209353	78748	95972	40991
d91	268396	56418	38206	187182	253001	48238	58088	48908
d92	282911	37032	81899	220319	190773	79731	74107	19345
d93	516509	62105	121856	162775	41239	46320	28277	53568
d94	154657	66301	50652	173363	113101	71262	49097	51920
d95	516726	51839	44423	224097	85911	47630	103913	92827
d96	521810	30549	110225	227578	253676	66256	91337	66936
d97	323768	52084	87962	221996	199569	33863	86238	83303
d98	350053	11758	114175	160468	119375	45327	61652	34366
d99	440581	23993	121880	39505	186617	24149	78074	44103
d100	211218	69308	68878	263258	66323	50215	98559	48301

Ek 14 Kontrol Edilemeyen Alt Isıl Değer Girdisinin Rassal Örneklenmesinden Elde Edilen Sonuçlar

	Soma	Can	Yatagan	Milas	Tavsanli	Ilgin	Seyitomer	Orhaneli
d1	2427	4224	2396	1922	2211	2871	1729	2079
d2	2734	4484	2482	2033	2233	2740	1860	2224
d3	2792	4116	2014	1759	2281	2792	1932	2260
d4	2878	4411	2085	2124	2426	2737	2006	2115
d5	2791	4880	2549	1931	2206	2661	1878	2137
d6	2769	4556	2293	2172	2193	2681	1867	2284
d7	2989	4420	2297	2121	2303	2726	2022	2150
d8	2645	4827	2278	2123	2274	2713	1859	2203
d9	2743	4415	2183	2056	2155	2748	1912	2192
d10	2318	4221	2147	1843	2198	2766	1831	2316
d11	2672	4849	2008	1925	2450	2820	1960	2217
d12	2524	4360	2161	1810	2417	2739	1822	1940
d13	2495	4588	2124	1806	2308	2694	1954	2161
d14	3040	4367	2376	1930	2313	2720	1810	2013
d15	2861	4615	1955	2183	2269	2738	1964	2227
d16	2625	4884	2313	2165	2387	2765	1962	2191
d17	2682	4431	2004	2180	2431	2824	2016	2156
d18	2908	4408	2249	1810	2282	2662	1993	2198
d19	2831	4607	1936	1861	2449	2671	1888	2035
d20	2256	4649	2599	1703	2225	2940	1723	2024
d21	2457	4676	2441	2043	2303	2844	1871	2293
d22	2758	4590	1968	1976	2317	2740	1795	2049
d23	2785	4517	2026	1920	2140	2869	1768	2312
d24	2330	4920	2256	2017	2438	2793	1667	2375
d25	2733	4332	2500	2064	2394	2813	1840	2179
d26	2751	4236	2599	1961	2384	2859	1881	2045
d27	2540	4204	2232	1858	2414	2937	1794	2339
d28	2928	4401	2077	1961	2290	2722	2052	2111
d29	2383	4832	2103	1910	2304	2857	1826	2385
d30	2692	4781	2234	2134	2243	2688	1914	2144
d31	2082	4522	2246	2104	2319	2747	1715	2256
d32	3116	4087	2154	2102	2321	2760	1902	2256
d33	2344	4513	2469	2217	2332	2806	1914	2370
d34	2436	4508	1888	1939	2330	2814	1928	2349
d35	2548	4788	2208	2107	2251	2662	1896	2366
d36	2191	4480	2288	2030	2288	2616	1803	2157
d37	3081	4930	2074	1905	2327	2806	1681	2378
d38	2245	4389	1955	1945	2344	2769	1852	2079
d39	2625	4507	2540	1988	2319	2816	1896	2027
d40	2644	4262	2349	1985	2294	2659	1874	2299
d41	2652	4690	2279	2008	2414	2807	1719	2292
d42	2796	4708	2482	2098	2500	2637	2014	1923
d43	2379	4653	2105	2134	2274	2816	1778	2165
d44	2346	4330	2424	2089	2449	2690	1911	2207
d45	2543	4565	2554	1978	2288	2756	1845	2098
d46	2849	4421	2133	2167	2246	2891	1832	2311
d47	2590	4202	2017	2049	2200	2765	1926	2189
d48	2582	4421	2050	2212	2217	2689	1881	2071
d49	2950	4554	2130	1955	2327	2841	1871	2234
d50	2940	4584	2212	1986	2513	2702	2035	2413

Ek 14 Devam ediyor;

	Soma	Can	Yatagan	Milas	Tavsanli	Ilgin	Seyitomer	Orhaneli
d51	2694	4354	2223	2072	2335	2923	1709	2191
d52	2188	4391	2131	1878	2314	2776	1752	2216
d53	3033	4541	2384	1795	2370	2655	1972	2357
d54	2876	4569	2166	1733	2391	2799	1944	2382
d55	2507	4474	2115	1751	2501	2622	1645	2063
d56	2686	4629	2043	1778	2267	2756	1975	2184
d57	2600	4503	2181	1753	2387	2700	1872	2169
d58	2378	4629	2338	1767	2238	2805	1729	2254
d59	2396	4618	2262	1729	2274	2757	1940	2030
d60	2424	4780	2211	2122	2441	2785	1792	2419
d61	3071	4204	2296	1771	2288	2672	1771	2287
d62	2341	4549	2335	1923	2252	2844	1901	2305
d63	2655	4760	2305	2049	2246	2745	1856	2296
d64	2863	4376	2183	2005	2273	2828	1885	2197
d65	2608	4599	2156	1976	2415	2713	1822	2261
d66	2422	4253	2444	2051	2349	2842	1971	2181
d67	2764	4714	2194	1764	2152	2862	1801	2032
d68	2527	4262	2127	1986	2378	2785	1739	2317
d69	2740	4471	2043	1961	2425	2641	1751	2274
d70	2574	4565	2219	2065	2335	2770	1869	2317
d71	2964	4501	2382	2038	2310	2820	1860	2123
d72	2249	4365	2091	2023	2502	2814	1863	2201
d73	2815	4412	2104	1829	2265	2771	1961	2169
d74	2327	4619	2432	1883	2271	2698	1958	2120
d75	2283	4541	2461	1802	2243	2815	1927	2249
d76	2685	4515	2235	1925	2337	2760	1856	2083
d77	2895	4620	2079	2037	2348	2698	1761	2455
d78	2326	4623	2335	1975	2294	2773	1645	2368
d79	3195	4574	1850	1929	2333	2839	1894	2227
d80	2745	4569	2615	1971	2159	2851	1960	2255
d81	2521	4691	2404	1832	2446	2645	1805	2262
d82	2861	4485	2419	1696	2189	2646	1930	2015
d83	2918	4568	2054	2026	2316	2652	1847	2173
d84	2677	4149	2219	1785	2278	2853	1976	2159
d85	3006	4457	2123	1834	2357	2831	1947	2167
d86	2891	4760	2087	2080	2513	2649	1749	2006
d87	2269	4119	2275	1961	2319	2896	1933	2176
d88	2897	4770	2000	1921	2203	2680	1856	2254
d89	3016	4632	2333	1959	2372	2805	1813	2199
d90	2757	4866	2539	1959	2296	2901	1951	2325
d91	2275	4804	1948	1950	2486	2718	1717	1998
d92	2772	4232	2134	1975	2302	2694	1888	2125
d93	2266	4328	2359	2145	2133	2851	2026	2305
d94	2753	4754	2114	1816	2239	2623	1877	2280
d95	2749	4536	2166	1775	2380	2868	1805	2072
d96	2879	4680	1929	1924	2169	2751	1700	2117
d97	2676	4624	2100	1889	2397	2844	1921	1966
d98	2584	4523	1896	1705	2313	2818	1785	2270
d99	3268	4790	2213	1871	2354	2621	1818	2139
d100	2711	4345	2110	2021	2199	2684	1712	2327

Ek 15 Kontrol Edilemeyen Kükürt Oranları Girdisinin Rassal Örneklenmesinden Elde Edilen Sonuçlar

	Soma	Can	Yatagan	Milas	Tavsanli	Ilgin	Seyitomer	Orhaneli
d1	1,21	5,68	2,51	3,37	1,19	1,53	1,16	1,76
d2	1,18	4,61	1,85	3,46	1,60	1,60	1,01	1,82
d3	1,16	5,02	2,49	3,53	1,53	1,62	1,29	1,92
d4	1,28	4,40	1,90	5,04	1,61	1,76	1,22	1,85
d5	1,17	5,68	2,49	3,73	1,02	1,50	1,10	1,84
d6	1,29	4,38	2,17	4,37	1,48	1,38	1,25	1,91
d7	1,12	5,59	1,90	3,29	1,40	1,55	1,25	1,82
d8	1,27	4,05	2,03	3,93	1,57	1,54	1,00	1,97
d9	1,25	5,01	1,57	3,73	1,40	1,19	1,12	1,78
d10	1,28	4,75	2,02	4,80	1,46	1,45	1,16	1,69
d11	1,21	4,86	2,50	4,27	1,67	1,52	1,07	1,84
d12	0,98	4,82	1,79	3,72	1,25	1,21	1,09	1,73
d13	1,08	4,14	2,63	4,71	1,20	1,39	1,22	1,86
d14	0,97	4,41	2,28	2,91	1,31	1,50	1,17	1,89
d15	1,51	5,35	1,96	4,06	1,45	1,38	1,03	1,90
d16	1,27	4,39	2,41	4,89	0,90	1,72	1,25	1,74
d17	1,20	5,75	2,15	3,73	1,29	1,75	1,03	1,97
d18	1,19	4,90	1,74	3,19	1,03	1,58	1,37	1,93
d19	1,11	5,08	2,24	4,13	0,86	1,37	1,26	1,85
d20	1,13	4,65	1,94	3,27	1,06	1,40	1,44	1,85
d21	1,14	4,78	2,60	3,11	1,26	1,33	1,36	1,70
d22	1,43	4,11	2,40	2,98	1,58	1,59	1,35	1,76
d23	0,99	5,17	2,58	3,40	1,58	1,52	1,09	1,86
d24	1,11	3,57	1,79	3,28	1,25	1,33	1,32	1,98
d25	1,52	3,38	2,45	3,88	1,37	1,38	1,35	1,83
d26	1,21	3,25	1,36	4,41	1,17	1,69	1,44	1,94
d27	1,36	4,50	1,79	2,96	1,52	1,65	1,09	1,72
d28	0,90	4,95	1,87	2,85	1,56	1,55	1,18	1,85
d29	1,06	3,61	2,66	3,84	1,34	1,20	1,25	2,00
d30	1,25	6,45	1,92	3,72	1,41	1,39	1,30	1,78
d31	1,29	4,07	2,59	3,25	1,32	1,34	1,29	1,83
d32	1,11	4,98	1,78	3,54	1,32	1,61	1,24	1,74
d33	1,17	5,72	2,74	3,68	1,09	1,62	1,33	2,04
d34	1,28	5,99	1,93	2,80	1,57	1,51	1,20	2,03
d35	0,97	4,16	2,04	4,85	1,34	1,54	1,07	1,87
d36	1,37	5,44	2,62	4,35	1,40	1,48	1,45	1,81
d37	0,98	5,44	2,04	3,78	1,88	1,65	1,27	1,69
d38	1,32	6,21	2,26	4,81	1,26	1,53	1,19	1,87
d39	1,22	3,56	2,16	4,28	1,38	1,27	1,45	1,77
d40	1,54	4,62	2,81	2,87	1,25	1,61	1,24	1,87
d41	1,32	5,84	2,15	3,90	1,66	1,22	1,23	1,79
d42	1,41	5,68	2,13	2,90	1,36	1,55	1,05	1,89
d43	1,09	4,02	2,06	4,35	1,40	1,50	1,37	1,96
d44	1,15	3,80	2,54	3,31	1,00	1,44	1,23	1,93
d45	1,26	4,74	1,98	3,52	1,22	1,44	1,23	1,75
d46	1,34	5,02	1,88	4,58	1,84	1,45	1,21	1,77
d47	1,30	4,07	2,17	4,47	1,64	1,38	1,24	1,94
d48	1,26	3,57	2,12	5,30	1,91	1,53	0,98	1,89
d49	1,30	4,49	2,33	3,33	1,59	1,58	1,18	1,83
d50	1,05	4,08	1,98	3,32	1,21	1,28	1,36	1,97

Ek 15 Devam ediyor;

	Soma	Can	Yatagan	Milas	Tavsanli	Ilgin	Seyitomer	Orhaneli
d51	1,21	3,05	2,82	4,47	0,96	1,62	1,13	1,78
d52	1,19	3,47	2,00	3,28	1,69	1,40	1,17	1,93
d53	1,10	3,83	1,97	3,48	1,30	1,59	0,99	1,82
d54	1,41	5,54	1,85	3,45	1,31	1,53	1,25	1,82
d55	1,15	4,14	2,67	3,41	1,44	1,47	1,21	1,86
d56	1,33	4,64	1,39	3,98	1,38	1,54	1,09	1,83
d57	1,40	4,01	2,35	4,21	1,46	1,35	1,28	1,94
d58	1,28	6,09	2,33	4,39	1,03	1,49	1,13	1,74
d59	1,40	3,95	1,80	3,37	1,25	1,53	1,14	1,91
d60	1,25	3,63	2,11	4,04	1,37	1,54	1,15	1,87
d61	1,26	3,01	1,50	3,47	1,58	1,54	1,43	1,79
d62	1,18	3,78	1,78	2,96	1,84	1,43	1,06	1,79
d63	1,37	3,36	2,57	4,27	1,36	1,44	1,16	1,95
d64	1,08	5,31	2,18	4,67	1,47	1,58	1,04	1,81
d65	1,34	4,24	1,54	3,85	1,39	1,26	1,20	1,85
d66	1,38	6,03	2,27	4,58	1,22	1,57	1,06	2,01
d67	1,06	6,04	1,58	4,52	1,42	1,64	1,31	1,80
d68	1,18	4,41	2,28	4,07	0,99	1,33	1,29	1,83
d69	1,25	6,16	2,19	4,46	1,34	1,26	1,21	1,75
d70	1,19	4,28	2,54	4,04	1,53	1,45	1,26	1,75
d71	1,36	3,83	2,10	3,85	1,17	1,32	1,12	1,77
d72	1,27	3,99	2,13	3,30	1,77	1,21	1,32	1,89
d73	1,38	4,74	2,47	4,77	1,48	1,64	1,14	1,72
d74	1,03	4,42	1,96	3,15	1,44	1,67	1,08	1,86
d75	1,42	5,50	2,71	3,42	1,09	1,44	1,28	1,76
d76	1,04	4,72	2,23	3,79	1,24	1,34	1,07	1,87
d77	1,22	5,40	1,66	3,02	1,82	1,47	1,19	2,02
d78	1,33	5,15	1,43	2,42	1,61	1,33	1,19	1,95
d79	1,46	3,26	1,68	5,33	1,60	1,39	0,99	1,93
d80	1,53	3,32	2,06	4,08	1,36	1,32	1,30	1,91
d81	1,28	5,29	2,06	3,14	1,27	1,22	1,34	1,89
d82	1,20	4,59	1,59	5,28	1,20	1,48	1,27	1,94
d83	1,50	4,78	2,22	3,92	1,03	1,62	1,35	2,00
d84	1,22	3,58	2,43	4,30	1,36	1,35	1,27	1,98
d85	1,04	5,14	2,48	5,46	1,39	1,49	1,37	1,81
d86	1,31	3,32	2,48	4,42	1,09	1,38	1,29	1,84
d87	1,24	2,92	1,95	3,45	0,99	1,35	1,18	1,91
d88	1,33	4,22	1,77	4,65	1,48	1,61	1,48	1,89
d89	1,25	3,39	1,71	2,71	1,15	1,58	1,07	1,73
d90	1,38	6,00	1,93	4,06	1,39	1,69	1,22	1,86
d91	1,36	6,15	2,09	3,39	1,61	1,38	1,25	1,87
d92	1,13	4,27	2,21	2,58	1,28	1,59	1,30	1,96
d93	1,41	5,01	1,77	3,85	1,30	1,65	1,23	1,96
d94	1,23	5,47	1,81	3,20	1,31	1,44	1,19	1,87
d95	1,27	4,63	2,00	3,85	1,19	1,27	1,24	1,91
d96	1,16	3,77	2,16	4,15	1,69	1,43	1,30	1,95
d97	1,43	4,95	2,03	3,40	1,13	1,26	1,20	1,80
d98	1,25	5,52	2,18	3,71	1,29	1,56	1,30	1,89
d99	1,19	4,59	2,00	3,65	1,26	1,56	1,18	1,97
d100	1,07	5,04	1,74	3,36	1,59	1,45	1,08	1,85

Ek 16 Risk ve Belirsizlik Ortamında GAMS Programı ile Yazılmış Fried-Lovell ve Muniz Modelinin I. Aşaması

```
$ontext
Veri Zarflama Analizi (VZA)
Yaşar KASAP, 2007
Doktora Çalışması
Risk ve Belirsizlik Ortamında Fried-Lovell ve Muniz Modelinin I.Aşaması
$offtext

*===========================================================================
*=== Girdiler, Çıktılar ve Karar Birimlerini Tanımlama
*===========================================================================
sets
j "KVB's" /Soma,Can,Yatagan,Milas,Tavsanli,Ilgin,Seyitomer,Orhaneli/
ir 'girdiler ve çıktılar'/Yatirim, Dekapaj, Personel, Uretim, Gelir/
i(ir)'girdiler'/ Yatirim, Dekapaj, Personel /
r(ir)'çıktılar' / Uretim, Gelir/
m(j) 'döngüyü saglayan eleman (incelenen KVB)'
*k(j) 'incelenen KVB'
;
alias(j,k);
*===========================================================================
*=== Veriler
*===========================================================================
Table data(j,ir)  KVB'lerinin girdi ve çıktı verileri

           Yatirim    Personel   Uretim     Gelir
Soma       10457643   3158       7788116    495200000
Can        4153106    532        1340701    83400000
Yatagan    3221213    1089       4005317    110800000
Milas      520140     631        6718621    152800000
Tavsanli   7759758    2933       3414978    285900000
Ilgin      892076     182        211566     9300000
Seyitomer  4660206    1086       4602873    123900000
Orhaneli   1425464    687        1218771    51400000
;
display data;

*===========================================================================
*===Parametreler
*===========================================================================
parameter x(i,j); x(i,j)=data(j,i);
parameter y(r,j); y(r,j)=data(j,r);
```

Ek 16 Devam ediyor;

```
*=======================================================================
*===Değişkenler
*=======================================================================
positive variables
u(k,j)'dual ağırlık'
slaki (i,j)
slakr (r,j)
;
variables
eff 'k. KVB nin etkinliği'
theta     'etkinlik toplamı'
;
*=======================================================================
*===Eşitlikler
*=======================================================================
Equations

amac
cikti(k,r) 'dual çıktı'
girdi(k,i) 'dual girdi'
konveks(k) 'konvekslik'
;
amac.. theta=e=sum(k,eff(k));
cikti (k,r).. sum(j,u(k,j)*y(r,j))-slakr(r,k)=e=y(r,k);
girdi (k,i)..sum (j, u(k,j)*x(i,j))+slaki(i,k)=e=eff(k)*x(i,k);
konveks(k) ..sum (j,u(k,j))=e=1;

model vza /amac, cikti, girdi, konveks/;
*=======================================================================
*===Çözüm
*=======================================================================
alias(j,iter);

parameter etkinlik(j);
loop(iter,
m(j)=no;
m(iter)=yes;
solve vza using lp minimizing theta;
abort$(vza.modelstat<>1)"LP was not optimal";
etkinlik(iter)=theta.l;
);

display etkinlik;
```

Ek 16 Devam ediyor;

```
*==========================================================================
*Çıktıların Sıralanması
*==========================================================================
set rnk /rnk1*rnk1000/;
parameter rank(j);
alias (j,jj);
rank(j)=sum(jj$(etkinlik(jj)>=etkinlik(j)),1);
parameter etkinlik2(rnk,j);
etkinlik2(rnk,j)=etkinlik(j)$(rank(j)=ord(rnk));
option etkinlik2:4:0:1;
display etkinlik2;

*==========================================================================
*===Sonuç Dosyaları
*==========================================================================
execute_unload "FM_Asama1_Belirsizlik_sonuc1.gdx" u.L slaki.L slakr.L eff;
execute 'gdxxrw.exe FM_Asama1_Belirsizlik_sonuc1.gdx var=u.L rng=A1';
execute 'gdxxrw.exe FM_Asama1_Belirsizlik_sonuc1.gdx var=slaki.L rng=Newsheet!A1';
execute 'gdxxrw.exe FM_Asama1_Belirsizlik_sonuc1.gdx var=slakr.L rng=Newsheet!G1';
```

Ek 17 Risk ve Belirsizlik Ortamında Fried-Lovell ve Muniz Modelinin II. Aşamasında Yatırım Girdisi için Yazılan GAMS Programı

```
$ontext
Veri Zarflama Analizi (VZA)
Yaşar KASAP, 2007
Doktora Çalışması
Belirsizlik Varsayımında Fried-Lovell ve Muniz Modeli II. Aşama (Yatırım)
$offtext

*==========================================================================
*=== Girdiler, Çıktılar ve Karar Birimlerini Tanımlama
*==========================================================================
sets
j "KVB's" /Soma,Can,Yatagan,Milas, Tavsanli,Ilgin, Seyitomer,Orhaneli/
li 'kontrol edilemeyen girdiler, girdiler ve ciktilar' / Rezerv,AID, Kukurt, Yatirim/
l(li)'kontrol edilemeyen girdiler'/ Rezerv,AID, Kukurt/
i(li)'girdiler'/ Yatirim/
d "Random number"/d1*d100/
m(j) 'döngüyü saglayan eleman (incelenen KVB)'
;
alias(j,k);
*==========================================================================
*=== Veriler
*==========================================================================
Table data(d,j,li) KVB'lerinin girdi ve çıktı verileri
                    Rezerv    AID    Kukurt    Yatirim
   d1 . Soma        189119    2427   1.21      10457643
   d1 . Can          62051    4224   5.68       4153106
   d1 . Yatagan      76292    2396   2.51       3221213
   d1 . Milas       117226    1922   3.37        520140
   d1 . Tavsanli    113372    2211   1.19       7759758
   d1 . Ilgin        34364    2871   1.53        892076
   d1 . Seyitomer    66467    1729   1.16       4660206
   d1 . Orhaneli     75909    2079   1.76       1425464
   d2 . Soma        121477    2734   1.18      10457643
   d2 . Can          43188    4484   4.61       4153106
   d2 . Yatagan     140088    2482   1.85       3221213
   d2 . Milas       162670    2033   3.46        520140
   d2 . Tavsanli    272696    2233   1.60       7759758
   d2 . Ilgin        67217    2740   1.60        892076
   d2 . Seyitomer    41506    1860   1.01       4660206
   d2 . Orhaneli     59713    2224   1.82       1425464
   .    .           .         .      .          .
   .    .           .         .      .          .
```

Ek 17   Devam ediyor;

```
.        .            .          .        .        .
d100 .   Soma       211218     2711     1.07     10457643
d100 .   Can         69308     4345     5.04      4153106
d100 .   Yatagan     68878     2110     1.74      3221213
d100 .   Milas      263258     2021     3.36       520140
d100 .   Tavsanli    66323     2199     1.59      7759758
d100 .   Ilgin       50215     2684     1.45       892076
d100 .   Seyitomer   98559     1712     1.08      4660206
d100 .   Orhaneli    48301     2327     1.85      1425464
;
display data;

Table slaki(i,j)
                  Can       Yatagan     Tavsanli    Seyitomer
Yatirim        2530763     848752         0         1724648
*personel                                 43
;
display slaki;

Table theta(j,j)
            Soma    Can     Yatagan   Milas    Tavsanlı    Ilgin    Seyitomer    Orhaneli
*Soma       1
Can                 0.778
Yatagan                     0.459
*Milas                                1
Tavsanli                                       0.565
*Ilgin                                                     1
Seyitomer                                                           0.498
Orhaneli                                                                         0.523
;
display theta;
*==========================================================================
*===Parametreler
*==========================================================================
parameter x(i,j,d); x(i,j,d)=data(d,j,i);
parameter z(l,j,d); z(l,j,d)=data(d,j,l);
*==========================================================================
*===Değişkenler
*==========================================================================
positive variables
lamd(d,k,j)'dual ağırlık'
slaks (d,i,j)  'slaklerin slaki'
slakl (d,l,j)  'kontrol edilemeyen girdinin slaki';
```

Ek 17 Devam ediyor;

```
variables
eff 'k. KVB nin etkinliği'
beta  'etkinlik toplamı'
;
*===========================================================================
*===Eşitlikler
*===========================================================================
equations
amac
kontrol_edilemeyen_girdi(d,k,l) 'dual girdi'
slakler(d,k,i) 'dual çıktı'
konveks(d,k) 'konvekslik'
;
amac.. beta=e=sum((d,k),eff(d,k));
kontrol_edilemeyen_girdi (d,k,l)..sum (j, lamd(d,k,j)*z(l,j,d))-slakl(d,l,k)=e=z(l,k,d);
slakler (d,k,i).. sum(j,lamd(d,k,j)*((1-theta(j,j))*x(i,j,d)+slaki(i,j)))+slaks(d,i,k)=e=eff(d,k)*((1-
theta(k,k))*x(i,k,d)+slaki(i,k));
konveks(d,k) ..sum (j,lamd(d,k,j))=e=1;

model vza /amac, kontrol_edilemeyen_girdi, slakler, konveks/;
*===========================================================================
*===Çözüm
*===========================================================================
alias(j,iter);
parameter etkinlik(j);
loop(iter,
m(j)=no;
m(iter)=yes;
solve vza using lp minimizing beta;
abort$(vza.modelstat<>1)"LP was not optimal";
etkinlik(iter)=beta.l;
);

display etkinlik;
*===========================================================================
*===Sonuç Dosyaları
*===========================================================================
execute_unload "FM_Asama2_Yatirim_Girdi_Belirsizlik_sonuc1.gdx" lamd.L slaks.L slakl.L eff;
execute 'GDXXRW FM_Asama2_Yatirim_Girdi_Belirsizlik_sonuc1.gdx var=eff rng=A1 Rdim=2 ' ;
```

Ek 18 II. Aşamada Yatırım Girdisi için Elde Edilen Hedef Aylak ve Artık Değişkenler

	Soma	Çan	Yatağan	Milas	Tavsanlı	Ilgın	Seyitömer	Orhaneli
d1	0	3452753	723008	0	1228680	0	520201	581354
d2	0	3452753	1052120	0	3375495	0	520201	620791
d3	0	3452753	601211	0	2059052	0	577098	679946
d4	0	3452753	520877	0	2342593	0	520201	520159
d5	0	3452753	919957	0	3375495	0	520201	624871
d6	0	3452753	826666	0	3375495	0	2137702	679946
d7	0	3452753	627126	0	698727	0	520201	537838
d8	0	3452753	616760	0	614340	0	520201	570475
d9	0	3452753	588254	0	573834	0	520201	592913
d10	0	3452753	621943	0	658221	0	520201	679946
d11	0	3452753	554566	0	756111	0	536457	641189
d12	0	3452753	1842505	0	1934158	0	524265	572515
d13	0	3452753	653040	0	729107	0	581162	669067
d14	0	3452753	780020	0	702103	0	520201	558916
d15	0	3452753	520877	0	577210	0	520201	549397
d16	0	3452753	611577	0	658221	0	520201	536478
d17	0	3452753	520877	0	675099	0	520201	520159
d18	0	3452753	816300	0	3375495	0	877839	679946
d19	0	3452753	554566	0	1515597	0	654315	599713
d20	0	3452753	798160	0	3375495	0	524265	616711
d21	0	3452753	2591428	0	1772135	0	1548411	636430
d22	0	3452753	520877	0	732482	0	520201	555516
d23	0	3452753	562340	0	607589	0	520201	673827
d24	0	3452753	627126	0	3375495	0	520201	679946
d25	0	3452753	743740	0	3375495	0	520201	577274
d26	0	3452753	785203	0	729107	0	520201	554836
d27	0	3452753	645266	0	3375495	0	1767871	679946
d28	0	3452753	577888	0	681850	0	564906	593593
d29	0	3452753	585663	0	735858	0	520201	679946
d30	0	3452753	588254	0	594087	0	520201	526958
d31	0	3452753	601211	0	644719	0	520201	607872
d32	0	3452753	549383	0	644719	0	520201	607192
d33	0	3452753	1262026	0	2362846	0	995697	616711
d34	0	3452753	520877	0	685225	0	520201	679946
d35	0	3452753	583071	0	614340	0	520201	679946
d36	0	3452753	684137	0	1178048	0	520201	601073
d37	0	3452753	577888	0	3375495	0	520201	679946
d38	0	3452753	523469	0	1677621	0	520201	580674
d39	0	3452753	1510803	0	2288585	0	520201	537838
d40	0	3452753	894043	0	3375495	0	520201	679946
d41	0	3452753	645266	0	708854	0	520201	652069
d42	0	3452753	808526	0	3375495	0	1601244	679946
d43	0	3452753	520877	0	3375495	0	520201	537158
d44	0	3452753	782611	0	972142	0	520201	592913
d45	0	3452753	795568	0	668348	0	520201	577274
d46	0	3452753	520877	0	2589004	0	520201	594273
d47	0	3452753	520877	0	2376348	0	520201	592913
d48	0	3452753	665997	0	3375495	0	1211093	520159
d49	0	3452753	782611	0	3375495	0	520201	677906
d50	0	3452753	603803	0	3375495	0	536457	679946

Ek 18 Devam ediyor;

	Soma	Çan	Yatağan	Milas	Tavsanlı	Ilgın	Seyitömer	Orhaneli
d51	0	3452753	585663	0	634593	0	520201	571835
d52	0	3452753	624534	0	702103	0	520201	660228
d53	0	3452753	733374	0	1117289	0	568970	679946
d54	0	3452753	627126	0	3375495	0	573034	679946
d55	0	3452753	735966	0	3375495	0	520201	653428
d56	0	3452753	621943	0	1009273	0	593354	674507
d57	0	3452753	842214	0	918135	0	564906	679946
d58	0	3452753	720417	0	3375495	0	520201	679946
d59	0	3452753	712643	0	3375495	0	597418	628950
d60	0	3452753	1321628	0	3375495	0	922544	679946
d61	0	3452753	720417	0	3375495	0	520201	679946
d62	0	3452753	686728	0	837123	0	520201	674507
d63	0	3452753	658223	0	685225	0	520201	652069
d64	0	3452753	601211	0	3375495	0	520201	607192
d65	0	3452753	611577	0	1539226	0	520201	664308
d66	0	3452753	704868	0	661597	0	520201	581354
d67	0	3452753	665997	0	651470	0	532393	610592
d68	0	3452753	585663	0	702103	0	520201	674507
d69	0	3452753	564931	0	911384	0	1081043	679946
d70	0	3452753	601211	0	894506	0	520201	652748
d71	0	3452753	684137	0	648095	0	520201	560276
d72	0	3452753	551974	0	745984	0	520201	603792
d73	0	3452753	2591428	0	1178048	0	4064071	679946
d74	0	3452753	769654	0	3375495	0	1109491	628270
d75	0	3452753	912183	0	681850	0	564906	679946
d76	0	3452753	658223	0	3375495	0	520201	590193
d77	0	3452753	536426	0	1944285	0	979441	679946
d78	0	3452753	2516277	0	2771281	0	520201	679946
d79	0	3452753	1127271	0	2200823	0	520201	641869
d80	0	3452753	792977	0	1228680	0	520201	640509
d81	0	3452753	831848	0	3375495	0	520201	679946
d82	0	3452753	803343	0	1924032	0	613675	645269
d83	0	3452753	536426	0	702103	0	520201	607192
d84	0	3452753	671180	0	1451463	0	585226	650709
d85	0	3452753	627126	0	1407581	0	560842	644589
d86	0	3452753	523469	0	928261	0	520201	520159
d87	0	3452753	645266	0	661597	0	520201	605832
d88	0	3452753	557157	0	654846	0	520201	679946
d89	0	3452753	684137	0	3375495	0	520201	625551
d90	0	3452753	748923	0	3375495	0	857519	664988
d91	0	3452753	520877	0	3375495	0	520201	543277
d92	0	3452753	601211	0	924886	0	520201	597673
d93	0	3452753	632308	0	519826	0	520201	604472
d94	0	3452753	621943	0	708854	0	540521	679946
d95	0	3452753	653040	0	725731	0	528329	621471
d96	0	3452753	523469	0	1853147	0	520201	607192
d97	0	3452753	601211	0	1616862	0	532393	550077
d98	0	3452753	575297	0	1026150	0	544586	679946
d99	0	3452753	2156068	0	3375495	0	1267990	679946
d100	0	3452753	567523	0	614340	0	520201	679946

Ek 19 II. Aşamada Yatırım Girdisi için Elde Edilen Hedef Aylak ve Artık Değişkenler

	Soma	Çan	Yatağan	Milas	Tavsanlı	Ilgın	Seyitömer	Orhaneli
d1	0	118	250	0	663	0	159	247
d2	0	118	534	0	1319	0	118	162
d3	0	118	376	0	801	0	170	118
d4	0	118	118	0	994	0	118	118
d5	0	118	118	0	1319	0	377	118
d6	0	118	341	0	987	0	545	325
d7	0	118	283	0	542	0	120	118
d8	0	118	118	0	160	0	234	189
d9	0	118	308	0	491	0	226	168
d10	0	118	118	0	293	0	239	118
d11	0	118	272	0	377	0	310	224
d12	0	118	589	0	524	0	118	176
d13	0	118	118	0	119	0	195	118
d14	0	118	159	0	181	0	169	118
d15	0	118	156	0	248	0	118	140
d16	0	118	226	0	360	0	462	118
d17	0	118	161	0	409	0	239	118
d18	0	118	249	0	1319	0	358	220
d19	0	118	194	0	477	0	448	118
d20	0	118	134	0	1319	0	225	201
d21	0	118	589	0	371	0	317	118
d22	0	118	245	0	460	0	118	187
d23	0	118	118	0	119	0	118	118
d24	0	118	118	0	1319	0	353	118
d25	0	118	292	0	1319	0	275	204
d26	0	118	118	0	409	0	370	195
d27	0	118	118	0	1319	0	545	118
d28	0	118	244	0	125	0	446	145
d29	0	118	118	0	473	0	291	164
d30	0	118	153	0	475	0	172	118
d31	0	118	118	0	125	0	127	118
d32	0	118	181	0	119	0	261	118
d33	0	118	357	0	692	0	291	118
d34	0	118	118	0	402	0	118	131
d35	0	118	281	0	429	0	432	118
d36	0	118	118	0	669	0	118	268
d37	0	118	284	0	1319	0	377	328
d38	0	118	420	0	706	0	267	118
d39	0	118	531	0	874	0	461	118
d40	0	118	216	0	1319	0	118	223
d41	0	118	308	0	348	0	335	256
d42	0	118	118	0	1319	0	506	167
d43	0	118	270	0	1319	0	172	127
d44	0	118	118	0	533	0	471	118
d45	0	118	216	0	179	0	137	118
d46	0	118	589	0	1143	0	399	328
d47	0	118	207	0	1072	0	121	319
d48	0	118	481	0	1256	0	545	161
d49	0	118	275	0	1319	0	118	196
d50	0	118	402	0	1319	0	240	235

Ek 19 Devam ediyor;

	Soma	Çan	Yatağan	Milas	Tavsanlı	Ilgın	Seyitömer	Orhaneli
d51	0	118	179	0	431	0	400	174
d52	0	118	225	0	247	0	292	158
d53	0	118	118	0	512	0	279	118
d54	0	118	118	0	1319	0	118	118
d55	0	118	471	0	1319	0	208	259
d56	0	118	118	0	535	0	175	118
d57	0	118	479	0	364	0	201	296
d58	0	118	276	0	1319	0	292	118
d59	0	118	118	0	1319	0	118	147
d60	0	118	509	0	1319	0	417	328
d61	0	118	118	0	1319	0	396	118
d62	0	118	341	0	546	0	258	272
d63	0	118	177	0	545	0	118	254
d64	0	118	411	0	1319	0	242	171
d65	0	118	118	0	698	0	152	118
d66	0	118	118	0	258	0	158	132
d67	0	118	176	0	458	0	170	136
d68	0	118	118	0	119	0	118	118
d69	0	118	160	0	119	0	372	118
d70	0	118	118	0	592	0	118	248
d71	0	118	410	0	466	0	335	143
d72	0	118	182	0	357	0	162	161
d73	0	118	368	0	247	0	545	212
d74	0	118	243	0	1319	0	545	118
d75	0	118	118	0	289	0	336	118
d76	0	118	252	0	1319	0	545	118
d77	0	118	132	0	781	0	545	210
d78	0	118	589	0	684	0	118	118
d79	0	118	584	0	793	0	278	118
d80	0	118	118	0	302	0	118	118
d81	0	118	333	0	1319	0	152	142
d82	0	118	130	0	819	0	333	328
d83	0	118	227	0	433	0	153	164
d84	0	118	365	0	622	0	206	161
d85	0	118	118	0	625	0	158	118
d86	0	118	118	0	382	0	118	118
d87	0	118	190	0	364	0	204	118
d88	0	118	118	0	251	0	450	199
d89	0	118	118	0	1319	0	425	118
d90	0	118	173	0	1319	0	332	118
d91	0	118	118	0	1319	0	125	118
d92	0	118	204	0	546	0	173	118
d93	0	118	422	0	119	0	118	118
d94	0	118	118	0	343	0	118	118
d95	0	118	118	0	219	0	273	240
d96	0	118	305	0	911	0	252	190
d97	0	118	226	0	698	0	221	212
d98	0	118	451	0	481	0	246	161
d99	0	118	589	0	1110	0	378	215
d100	0	118	118	0	119	0	196	118

Ek 20 Risk ve Belirsizlik Ortamında GAMS Programı ile Yazılmış Fried-Lovell ve Muniz Modelinin III. Aşaması

```
$ontext
Veri Zarflama Analizi (VZA)
Yaşar KASAP, 2007
Doktora Çalışması
Belirlilik Varsayımında Fried-Lovell ve Muniz Modeli III. Aşama
$offtext

*=========================================================================
*=== Girdiler, Çıktılar ve Karar Birimlerini Tanımlama
*=========================================================================
sets
j "KVB's" /Soma,Can,Yatagan,Milas,Tavsanli,Ilgin,Seyitomer,Orhaneli/
ir 'kontrol edilemeyen girdiler, girdiler ve ciktilar' / Yatirim, Personel, Uretim, Gelir/
i(ir)'girdiler'/ Yatirim, Personel /
r(ir)'çıktılar' / Uretim, Gelir/
d 'random number'/d1*d100/
m(j) 'döngüyü saglayan eleman (incelenen KVB)'
*k(j) 'incelenen KVB'/Can/
;
alias(j,k);
*=========================================================================
*=== Veriler
*=========================================================================
Table data(j,ir) KVB'lerinin girdi ve çıktı verileri
            Yatirim   Personel   Uretim      Gelir
Soma       10457643    3158     7788116    495200000
Can         4153106     532     1340701     83400000
Yatagan     3221213    1089     4005317    110800000
Milas        520140     631     6718621    152800000
Tavsanli    7759758    2933     3414978    285900000
Ilgin        892076     182      211566      9300000
Seyitomer   4660206    1086     4602873    123900000
Orhaneli    1425464     687     1218771     51400000
;
display data;

Table slaki(i,j)
              Can      Yatagan    Tavsanli   Seyitomer
Yatirim     2530763    848752        0        1724648
Personel       0          0         43           0
;
display slaki;
```

Ek 20 Devam ediyor;

```
Table slakr(r,j)
            Tavsanli        Seyitomer       Orhaneli
Uretim      3719384         805268          1560743
Gelir          0               0            14530933
;
display slakr;

Table theta(j,j)
            Soma    Can     Yatagan  Milas    Tavsanli  Ilgin   Seyitomer   Orhaneli
Soma        1
Can                 0.778
Yatagan                     0.459
Milas                                1
Tavsanli                                      0.565
Ilgin                                                   1
Seyitomer                                                       0.498
Orhaneli                                                                    0.523
;
display theta;

Table beta(d,j,ir)
                    Yatirim    Personel
d1    .    Soma       1.000      1.000
d1    .    Can        1.000      1.000
d1    .    Yatagan    0.279      0.425
d1    .    Milas      1.000      1.000
d1    .    Tavsanli   0.364      0.503
d1    .    Ilgin      1.000      0.649
d1    .    Seyitomer  0.128      0.292
d1    .    Orhaneli   0.855      0.754
d2    .    Soma       0.125      0.142
d2    .    Can        1.000      1.000
d2    .    Yatagan    0.406      0.906
d2    .    Milas      1.000      1.000
d2    .    Tavsanli   1.000      1.000
d2    .    Ilgin      1.000      1.000
d2    .    Seyitomer  0.128      0.217
d2    .    Orhaneli   0.913      0.494
 .         .          .          .
 .         .          .          .
 .         .          .          .
 .         .          .          .
 .         .          .          .
```

Ek 20 Devam ediyor;

```
 .          .      .        .
d100   .   Soma      1.000    1.000
d100   .   Can       1.000    1.000
d100   .   Yatagan   0.219    0.200
d100   .   Milas     1.000    1.000
d100   .   Tavsanli  0.182    0.090
d100   .   Ilgin     1.000    0.649
d100   .   Seyitomer 0.128    0.359
d100   .   Orhaneli  1.000    0.360
;
display beta;
*========================================================================
*===Parametreler
*========================================================================
parameter x(i,j); x(i,j)=data(j,i);
parameter y(r,j); y(r,j)=data(j,r);
*========================================================================
*===Değişkenler
*========================================================================
positive variables
u1(d,k,j)'dual ağırlık'
slakm (d,i,j) 'üçüncü aşama girdi slaki'
slakn (d,r,j) 'üçüncü aşama çıktı slaki'
;
variables
eff 'k. KVB nin etkinliği'
theta3    'etkinlik toplamı'
;
*========================================================================
*===Eşitlikler
*========================================================================
equations
amac
cikti(d,k,r) 'dual çıktı'
girdi(d,k,i) 'dual girdi'
konveks(d,k) 'konvekslik'
;
amac.. theta3=e=sum((d,k),eff(d,k));
cikti (d,k,r).. sum(j,u1(d,k,j)*(y(r,j)+slakr(r,j)))-slakn(d,r,k)=e=(y(r,k)+slakr(r,k));
girdi (d,k,i)..sum (j, u1(d,k,j)*(x(i,j)-beta(d,j,i)*((1-theta(j,j))*x(i,j)+slaki(i,j))))+slakm(d,i,k)=e=eff(d,k)*(x(i,k)-
beta(d,k,i)*((1-theta(k,k))*x(i,k)+slaki(i,k)));
konveks(d,k) ..sum (j,u1(d,k,j))=e=1;
```

Ek 20 Devam ediyor;

```
model vza /amac, cikti, girdi, konveks/;
*===========================================================================
*===Çözüm
*===========================================================================
alias(j,iter);
parameter etkinlik(j);
loop(iter,
m(j)=no;
m(iter)=yes;
solve vza using lp minimizing theta3;
abort$(vza.modelstat<>1)"LP was not optimal";
etkinlik(iter)=theta3.l;
);
*===========================================================================
*===Sonuç Dosyaları
*===========================================================================
execute_unload "FM_Asama3_Belirsizlik_yatay_sonuc1.gdx" u1.L slakm.L slakn.L eff;
execute 'gdxxrw.exe FM_Asama3_Belirsizlik_yatay_sonuc1.gdx var=eff rng=A1';
```

Kolibri 360 GmbH
Ferdinand-Jühlke-Straße 7
99095 Erfurt, Deutschland
produktsicherheit@kolibri360.de

Druck:
CPI Druckdienstleistungen GmbH
im Auftrag der
Kolibri 360 GmbH
Ferdinand-Jühlke-Str. 7
99095 Erfurt